巡山报告

基因编辑婴儿：
小丑与历史

王立铭 著

湖南科学技术出版社

致未来

推荐序 一

王立铭教授是一位优秀的神经生物学家，同时又是生命科学领域一位出色的科普作家。从 2015 年至今，他已经出版了三本大众科学著作:《吃货的生物学修养》《上帝的手术刀》《生命是什么》。他的这几部作品在出版后受到了各领域读者的广泛认同，产生了巨大的社会影响。我读后印象非常深刻，认为是近些年来我看到过的最好的科普读物。这次，立铭教授请我为他的新作《巡山报告》作序，我读完后拍手称绝，自然很愉快地答应了。

这份生命科学领域的《巡山报告》，是王立铭教授在 2019 年开始的一项非常宏大的计划。年轻的立铭教授想用 30 年的时间，持续观察和分析全世界范围内，当然特别是中国大地上发生的生命科学重大事件，按月发布报告，并在每年年底整理其中的重大事件汇集成书。我觉得，他这项雄心勃勃的计划，同时兼具时代观察和历史文献的双重价值，它一定能够帮助相关领域的从业者看清生命科学进展的历史沿革和未来方向，帮助更多的人理解生命科学技术对人类世界将要产生的深刻影响。

在我们身处的这个时代，生命科学技术发展日新月异。作为一门以生命，特别是我们自己身体为研究和审视对象的学科，生命科学的发展将带动医学手段的进步，提高人类的生活质量，造福人类；但它也有可能危及人类尊严与根本的道德和伦理底线，为整个人类世界带来负面影响乃至灾难。就在过去这一年多时间里，30 年来第一个抑郁症新药的出现，利用基因编辑治疗艾滋病的尝试，围绕"基因编辑婴儿"事件产生的争议，围绕脑科学研究进展产生的许多讨论，都在印证生命科学研究的这两重影响。而由于基础研究特性使然，很多时候，生命科学的突破在刚刚出现的时候，可能人们还不能完全领会它的价值，需要相当长的一段时间，才会展示出它的重要影响。这就需要我们在审视生命科学进步的时候，兼具历史和未来的双重视角，甚至站在人类文明发展的战略高度，做及时和理性的审视和度量。正如立铭教授在书中所说，我们需要习惯把当下许许多多正在发生的科学事件，放到更大的时空尺度里去冷静分析，看清楚它可能对我们每个人，对我们所有人，意味着什么。

而开启这项工作，完成这份事业，立铭教授可能是当之无愧的人选。立铭教授的科普作品在我看来有几个非常突出的优点。他仍工作在生命科学研究第一线，熟悉科学研究的规律和逻辑，因此在讨论重大科学问题和最新技术突破的时候，相关科学知识丰富准确、有根有据、逻辑严密。而且，他擅长把当下正在发生的科学技术事件，置放在更大尺度的时空背景下进行审视，讨论它们的历史渊源和未来可能的发展趋势。在我看来，这正是理解科学发展和文明演进逻辑的好方法。作为一位科学家，立铭教授还拥有让人惊喜的叙事技巧和难能可贵的人文关怀。在他的笔下，高深复杂的科学事件总能够化作一个个抽丝剥茧、引人入胜的科学故事，即便是外行也能读得津津有味、沉浸其中，并且在掩卷之后忍不住去思考这些故事背后蕴含的意义。在我看来，立铭教授和他的《巡山报告》计划，将会是我们这个时代难能可贵的科学思考，也将会是我们这个时代留给未来的宝贵遗产。

我想，不管你是生命科学的研究者，还是相关产业的从业者，又或者是对生命科学充满兴趣的普通人，都值得读读王立铭教授的这本书，也应该持续关注他的《巡山报告》计划。就像立铭教授自己在后记中说的那样，他的书里描绘的是正在发生的历史，正在伸展的未来。这些发生在当下的重要事件，也一定会在未来反复回响。

韩启德

北京大学科学技术与医学史系主任

中国科学技术协会名誉主席

推荐序 二

来，这边走

1

当我还很年轻青涩的时候，我根本读不懂沃尔特·惠特曼。我不理解为什么他能从一个仍然粗俗、狂野、偏执的国家里看出诗意。后来，我才明白，伟大一开始往往就是这样的。

伟大一开始是混乱的，狂躁的，笨拙的，迟疑的，黯淡的，焦虑的，迷茫的，时常走错路，时常自我怀疑，总是习惯模仿甚至抄袭，总是处在边缘地带，总是被人冷落和误解。

然后，伟大要经受挫折，经历磨难，经过转变，才能变成被人公认的伟大。

伟大会变成有序的，沉稳的，精致的，刚毅的，灿烂的，从容的，自信的，知道自己的方向，懂得自己的力量，敞开胸襟拥抱未知，如日月在天，人皆见之，人皆仰之。

但是，还有一种伟大，就是在伟大还没有变得伟大之前，就已经知道它很伟大，比如惠特曼。

惠特曼告诉我们："对于要成为最伟大诗人的人，直接的考验就在今天。"

2

想象你是一个平民，不小心闯入了一片鏖战正酣的战场。远处炮声隆隆，身边却是死一般的沉寂。硝烟和浓雾混杂在一起，让你看不清方向。前方的密林深处，影影绰绰，似乎隐藏着什么。你心中慌乱，手心出汗，不知该何去何从。

这时候，一个温和而坚定的声音在你的身边说：来，这边走。

听到这一句话，你心里会是什么感受？

王立铭教授的新书《巡山报告》就是要带领像你我一样的外行，深入到生命科学研究的一线，到能听得见炮火的地方，亲身感受真实的科学前沿。生命科学，将在 21 世纪爆发一场革命，而我们有幸在王立铭教授的指引下，在伟大变成公认的伟大之前，就理解它的伟大之处。

王立铭教授既是生命科学领域的一名新锐青年学者，又像是一个随军记者，为我们做现场实况报道。

王立铭会教我们分辨谎言和真相。他伏在我们的耳边，轻声告诉我们，哪里是我方的阵地，哪里是敌方的阵地，谁是友军，谁是叛军。2018 年，贺建奎事件刚刚发生，王立铭教授就为我们详细做出了解读。贺建奎利用基因编辑技术，在至少七对艾滋病夫妇的受精卵中修改了一个名为 CCR5 的基因，而且一对夫妇的双胞胎女儿已经出生。这是一个革命性的突破，还是一次莽撞的冒险？如果说这是莽撞的冒险，那他会给我们带来什么样的风险？ 2019 年 9 月，北京大学邓宏魁、首都医科大学附属北京佑安医院吴昊，以及解放军总医院第五医学中心陈虎做了一次看起来类似的尝试，也是用基因编辑技术修改人类的 *CCR5* 基因，治疗一名同时患有艾滋病和血癌的男性患者，为什么科学界不去谴责他们，反而为他们喝彩呢？2019 年 3 月 5 日，美国食品药品监督管理局（FDA）正式批准了美国强生公司的一款新药 Spravato。这是一种治疗抑郁症的新药。它能有效地治疗顽固的耐药型抑郁症患者，要是这么厉害，那它算不算革命呢？王立铭告诉我们，其实，这不过是新瓶装旧药。它的主要成分是右旋氯胺酮，也就是氯胺酮的成分之一，而医生们早就知道用氯胺酮治疗抑郁症了。2019 年 6 月 5 日，麻省理工学院的蔡理慧公布了一项新的研究成果：用闪烁的灯光照一照，就有可能治疗让全世界的大夫们束手无策的阿尔茨海默症。这听起来也太不靠谱了吧？王立铭告诉我们，其实，这恰恰是治疗阿尔茨海默症的一道新曙光。

王立铭会带我们到山头，给我们指点整个战场的布局，为我们分析双方的攻守之势，详细解释各种可选的战术，帮我们做沙盘推演。他讲到，有个男青年患了一种奇怪的病，虽然他滴酒不沾，但总是会出现莫名其妙的醉酒症状。医学上把这种病称为"自动酿酒综合征"。中国的几位科学家，首都儿科研究所袁静、中国科学院武汉病毒研究所刘翟和军事科学院军事医学研究所杨瑞馥提出了一个大胆的假说：有没有可能是一种奇特的微生物，在患者体内大量制造酒精？最后，他们真找到了这种微生物，叫肺炎克雷伯菌。可是，这看起来是个很琐碎的研究啊？不，王立铭告诉我们，很有可能，导致脂肪肝的原因之一，也是因为我们体内的某种细菌，那要是沿着这种思路，或许，传统上认为和微生物没有关系的疾病，比如糖尿病、高血压、高血脂，甚至癌症、精神疾病，会不会都跟微生物有关？我们是不是应该好好去审视人体和微生物之间的关系呢？甚至，这个研究是否会引发一场绿色能源革命？他还讲到中国特有的一种癌症——鼻咽癌。广东人的鼻咽癌发病概率是全世界其他地区的 20 倍。为什么会是这样呢？王立铭介绍了一群来自中国和新加坡的科学家，如何遵循微生物学中的"科赫法则"，一步步搜索，最后发现两种高危的 EB 病毒的传播，贡献了超过八成的鼻咽癌病例。这一发现不仅有科学上的意义，也蕴含着巨大的医学价值和商业空间。

王立铭会教我们如何自我保护：为什么要戴钢盔，怎么避开雷区，怎么寻找掩体。比如，他告诉我们，随着人的寿命的提高，患阿尔茨海默症的比例也会提高，到了 90 岁，会有 50%的老人患这种病。怎么办？他告诉了我们在日常生活中的防治方法。又比如，基因测序成了新的"风口"，要是有商家邀请你去做基因测序，你要不要去？如果参加了基因测序，你又该如何保护自己的基因信息？有哪些陷阱和误区？在这本书里，你都能读到。

3

当然，我们不是在科研前沿冲锋陷阵的战士，经历了一次难忘的战地之旅，我们还是要回到自己的日常生活。但回想起王立铭带领我们做的这次难得的体验，我们还是会有不一样的新的感悟。

你会学到演化算法的真谛。王立铭可能随口一说，但却能点拨我们这些懵懵懂懂之人。比如，他在讲到中科院昆明动物所关于小猴子携带人类 *MCPH1* 基因的研究时，宕开一笔，为我们讲述了人类的大脑发育。跟地球上绝大多数动物不同，人类大脑的发育主要是在出生之后完成的，从婴儿到儿童，再从儿童到青少年，要一直到青春期才结束。生命科学家告诉我们，这不是一件坏事，恰恰是因为我们的大脑发育缓慢，才使得我们可以拥有尺寸更大、可塑性更强的大脑。不知道你读到这里会有什么感想。我想到的是,这不正好是对我们的一个警醒吗？当人人都想着更快，信奉的都是"唯快不破"时，生命科学告诉我们，还有一种更持久的策略是：比慢。

你会观察到科学的洋流。生命科学尽管会带来一场革命，但所有的革命在爆发之前都会有很长的潜伏期。沿着王立铭指给我们看的那个方向，你会看到，哪些领域是最容易在未来出现突破的。比如，他讲到了基因测序，也讲到了各国对基因信息的保护，这将成为各国争夺的科技制高点，其重要性丝毫不亚于芯片或是航空母舰。比如，你也能了解到，有很多中国人高发，甚至中国人特有的疾病，比如鼻咽癌、乙型肝炎、容易通过淡水鱼传染的华支睾吸虫，以及曾经肆虐过的SARS。中国的生命科学家，需要特别关注这些中国人群特有的疾病和健康问题。

你会体验到学术的江湖。有人的地方就有江湖，学术界亦然。不得不说，王立铭的书里讲了很多学术界的八卦。这是披着八卦的糖衣，为你送来了科学的炮弹。在他的故事里，有胆大妄为的小丑想要扭转历史，也有怀有良知的科学家坚守底线，有误打误撞的发现引导医学的改变，也有商业对科学的入侵和污染。当背后的人性突显出来之后，我们反而会觉得，科学离我们更近了。

<h1 style="text-align:center">4</h1>

《巡山报告》是一个系列。王立铭承诺，要一直写30年。

我总算有了一个伴。2018年，我给自己定了一个长期的研究计划，打算每一年写一本书，记录中国从2019年到2049年这30年的变化。我原本以为这是一个漫长而寂寞的朝圣之旅，没想到很快就有了同行者。

在未来的30年，可以预见，中国的科学研究将厚积薄发，王立铭这一代年轻学者将见证一个群星璀璨的时代，他们会站在全世界的科学研究前沿。伟大在被公认伟大之前，自己都不知道自己有多伟大。当海明威和菲茨杰拉德在巴黎街头晃荡的时候，他们肯定不会去想，自己已经是世界上最伟大的作家了。当时，人们都觉得欧洲才有文化，美国不过是个暴发户。然而，事后去看，我们知道，那时，海明威和菲茨杰拉德已经写出了自己最优秀的杰作，他们当然是世界上最伟大的作家。

我们不必着急。路要一步步走，风景要一起去看。

何　帆

《变量》作者

上海交通大学安泰经济与管理学院经济学教授

自序

这本《巡山报告·基因编辑婴儿：小丑与历史》是《巡山报告》丛书的第一本。

从这本书开始之后的每一年，我都会为你追踪那些可能会影响整个人类世界的生命科学重大事件，按月发布报告，按年整理成书。这件事，我承诺会坚持到底。

为什么要做这件事呢？

为了历史，也为了未来。

对于古老又年轻的生命科学来说，我们身处一个波澜壮阔的伟大时代。

说它古老，是因为探究生命乃是地球村各个文明天生的冲动。2000多年前的古希腊先哲亚里士多德，就已经在尝试解析生命的本质，为纷繁复杂的地球生命形态绘制图谱。

说它年轻，是因为直到1953年DNA双螺旋结构大白于天下，人类才真正开始从物理世界的最底层理解生命本质。在人类科学的疆界内，生物学可能是最稚嫩的一门学科。至今，我们对生命现象的理解，空白要远远多过已知。

到了今天，这门学科孕育的年轻的冲击力，将要在我们面前彻底重塑人类世界习以为常的生活方式、社会结构，乃至道德观念。

这个大时代当中所有光明和黑暗的角落，都可能对我们每个人、我们所有人产生影响。

光明是毋庸置疑的。

2003 年，人类基因组计划完成，编码人类生命的 30 亿 DNA 碱基序列从此大白于天下。这些信息已经开始被用来仔细分析每个人类个体的疾病风险、健康状况甚至是性格特点。

2010 年，第一个"人造生命"诞生，它细胞深处的 DNA 分子完全由人工合成而来。在人造生命的基础上，修改乃至是设计生命已经不再是一个纯粹科幻的话题。

2013 年，美国"脑计划"启动，带动世界各国纷纷跟进，人类开始向双耳之间的神秘小宇宙进军。我们仍然对人类智慧的秘密所知甚少，但是我们也开始慢慢理解为什么人类会拥有语言、拥有同理心、拥有独一无二的智慧。

2018 年，诺贝尔生理学或医学奖授予癌症免疫疗法，正式标志着人类拥有了一种对抗众病之王的革命性武器。

不少科学家乐观地估计，到 21 世纪末，人类的平均寿命将达到 100 岁。我们有理由乐观，在我们这代人的有生之年，生命科学的进步将彻底重塑我们的身体状况、生活方式，乃至社会结构。

但是，伴随着光明，生命科学也陷入了前所未有的怀疑和危机当中。

2015 年，《华尔街日报》的一篇报道揭穿了百亿美金独角兽公司 Theranos 的真相，医学检测领域的一个当代传奇轰然倒地。

2018 年，哈佛大学宣布撤回 31 篇围绕心脏干细胞的研究论文，宣告这个红火了十几年的前沿研究领域是个彻头彻尾的骗局。

就在我决定开启"巡山报告"的 2018 年年底，震惊世界的"基因编辑婴儿"事件，又在考问我们，狂飙突进的生命科学研究究竟有无伦理和监管的边界。因为贺建奎这位疯子科学家的疯狂举动，整个人类世界都被带到了历史和未来的临界点。

而在这一切的背后，还隐藏着一个更深刻的疑问：关于每个人类个体、关于人类这个物种、关于人类的未来，操起生物学这把利器，我们究竟能做什么，我们又不能做什么？

而更要命的是，因为专业的天然门槛，因为传播中的扭曲，因为人性和理性的天然对抗，面对着可能交织着光明和黑暗的未来，可能大多数人的反应会相当迟钝，甚至是肤浅。

我想，我们特别需要的，是一点专业判断，再加上一点历史感和文献视角。我们需要习惯把当下许许多多正在发生的科学事件，放到更大的时空尺度里去冷静分析，看清楚它可能对我们每个人，对我们所有人，意味着什么。

这就是《巡山报告》的由来。

这是一次试图用文字记录、评论，甚至战胜时间的实验。

我想为历史写作，我希望能够做到，用留待后人审视的态度，来记录当下发生的热热闹闹的历史。

我也想为未来写作，我希望能够做到，用推演未来的思维方式，来看待今天开始的仍然微弱的未来。

在遥远的未来，也许我们的子孙后代们正在享受生命科学点亮的阿拉丁神灯，会嘲笑我们过度的谨小慎微和心惊胆战。但是也有同样的可能，我们亲手打开的潘多拉魔盒，将会把他们的命运带向晦暗不清的未来。

而未来在哪里？

未来在我们这一代人的手中，在我们这一代人的眼里。

欢迎你来到我们第一年的巡山之旅。

在此后的 30 年，我们不见不散。

目 录

第一章

"基因编辑婴儿"事件：小丑和历史

艾滋病，一种世界性的传染病。

19世纪80年代被正式发现以来，艾滋病已经杀死了接近4000万人。

这种疾病由人类免疫缺陷病毒（HIV, human immuno deficiency virus）入侵人体免疫细胞、破坏人体免疫功能所引起。如果没有接受有效治疗，缺乏免疫系统保护的艾滋病患者会被各种各样的感染所折磨，往往会在一到两年内死于结核病、严重的细菌感染、卡波西肉瘤等疾病。

截至目前，人类仍然没有发明出能够彻底治愈艾滋病的办法。尽管华人科学家何大一发明的高效抗逆转录病毒治疗法（俗称的"鸡尾酒疗法"）已经能够大大抑制病毒的复制和传播，让患者长期生存，甚至寿命都和健康人相差无几，但是鸡尾酒疗法费用高昂，副作用明显，需要有经验的医生不断调整用药方案。显然，这是一种只有在公共卫生系统高效运转的富裕国家才能普及的方案。

而众所周知，艾滋病起源于非洲，至今仍有70%的患者生活在撒哈拉以南的非洲大陆。在那里，在更多的发展中国家，想要普及鸡尾酒疗法几乎就是痴人说梦。在世界上最不发达的那些国家，艾滋病的传播已经构成了不折不扣的公共卫生灾难。

人类在翘首期待着更好的艾滋病解决方案——更便宜的药物，更广泛的疾病知识普及，更深入、更有针对性的卫生护理服务。还有，能从根子上彻底阻断艾滋病传播的有效疫苗。

过去30年，世界各国的研究机构和大药厂反复试验过各种各样的艾滋病疫苗，至今还没有任何一个取得了真正的成功。

2018年11月26日，时任中国南方科技大学副教授的生物学家贺建奎，向全世界宣布，他找到了在人体基因上动手术，让人从出生起就对艾滋病免疫的新方法。

这位毕业于中国科技大学近代物理专业，并在美国莱斯大学获得博士学位的高材生，很明显是有备而来。一天之后，第二届人类基因组编辑国际峰会在香港举行，全世界超过500位这个领域的专家将云集香港，讨论围绕基因编辑——这项能够在人体基因上动刀子的超级技术的各种热点问题，包括科学细节、政策法规、伦理争议。选择在此时公布这个爆炸性消息，贺建奎显然意在这个生命科学热点领域里搅动风云。

在11月26日当天，贺建奎在视频网站YouTube上发布了制作精良的视频，向全世界公众详细介绍了他的研究成果。在视频当中，操着流利英语的贺建奎侃侃而谈，沉痛地表达对艾滋病患者的悲悯。他说，艾滋病患者的子女很可能会从父母那里继承可怕的病毒，因此会终身生活在社会的歧视当中。即便侥幸没有得病，他们也会终身担忧艾滋病病毒感染的可能性。

他宣称自己已经找到了救赎之道。他的实验室利用一种名叫 CRISPR/cas9 的基因编辑技术，在至少七对艾滋病夫妇的受精卵中，修改了一个名为 *CCR5* 的特定基因。其中一对夫妇的一对双胞胎女儿已经出生了。这两个被贺建奎称为"露露"和"娜娜"的女孩体内，*CCR5* 基因已经被永久性破坏。

贺建奎表示，这个操作能够让这些孩子具备对艾滋病的天然免疫力，这种能力在今天的世界上非常重要。对于这样的成就，他个人感到非常骄傲。[1]

一

听说这条消息的时候我正在和学生们开每周的实验室组会，一个上午我的手机都在不停地震动。问询来自同行，来自媒体，更多的来自很多激动不已的外行朋友们。

贺建奎的所作所为，让我异常愤怒。

我算是一个比较熟悉基因编辑领域的生物学家。就在 2017 年初，我还出版了一本专门解读基因编辑技术的书，书名叫《上帝的手术刀》。在这本书里，我把人类精确地定位和修改基因的技术称为"上帝的手术刀"，在我看来这是一类具备巨大威力的技术，除了能够帮助我们攻克棘手的遗传疾病和感染性疾病，甚至

---

1 Marchoine M, "Chinese researcher claims first gene-edited babies," The Associated Press, 2018.

可能会让人类从此摆脱进化的束缚，创造人类的全新历史。[2]

但是我也在书中反复强调，在这项技术仍然充满未知风险的时候，就匆忙在健康无病的人类个体身上尝试，极有可能带来意外风险。这种举动，不光是不科学的，更是不道德的，是对人类尊严和科学精神的践踏。

只是当时我并没有想到，不到两年时间，就真的有疯狂的科学家把它付诸实施，而且，就发生在我们中国。

你可能会很想知道我的愤怒来自哪里。

面对艾滋病的巨大威胁，如果修改 CCR5 基因就可以让人先天预防艾滋病，这不是天大的好事么？

甚至从某种程度上，在基因层面，釜底抽薪式地预防艾滋病，岂不是比什么药物都来得更方便、更有效？这难道不是艾滋病治疗历史上一次重大的新发现，一次科学范式的大转移？

为了说清楚这一点，我们还是要先回归到科学本身来讨论。

首先得说明，用修改 CCR5 基因的方法来对抗艾滋病并不是什么新鲜的主意。我们知道，当艾滋病病毒入侵人体后，它们能够精确地识别人体中的某一类免疫细胞，入侵并且杀死这些细胞，从而让患者丧失免疫功能，最终可能会死于严重的感染。

请注意，艾滋病病毒之所以能够那么精确地瞄准某一类特殊的人体免疫细胞，是因为这些细胞的表面，有两个天然存在的蛋白质分子被 HIV 偷偷利用，作为它们入侵免疫细胞的识别

---

2 王立铭：《上帝的手术刀》，浙江人民出版社，2017。

标志。通俗地说，一个分子负责指路，一个分子负责开门。

这两个蛋白质分子，分别由两个名为 CD4 和 CCR5 的基因生产（在某些场合，CCR5 这个"开门"分子可以被另一个名叫 CXCR4 的"开门"分子顶替，帮助艾滋病病毒进入免疫细胞）。CD4 负责指路，CCR5 负责开门。

所以反过来说，如果人体当中天生就没有这个 CD4 或者 CCR5 基因，那是不是人就能天然对艾滋病病毒免疫呢？

还真是这样，而且人类世界已提供了这个猜想的天然证明。

具体来说，有大约 1% 的北欧后裔体内，CCR5 基因的两份拷贝还真的就出现了天然的基因缺陷（名为 CCR5-Δ32 基因突变）。因此，这些人就真的不太需要担心艾滋病病毒感染的问题（当然你可能会想到那些依赖 CXCR4 分子路标的艾滋病病毒仍然能够入侵，但是这样的案例极其罕见。据我统计，公开报道的还不到 10 例）。

更有意思的是，这些天生的 CCR5 基因突变体，虽然确实也有一些健康风险，比如说得了流感之后反应更加剧烈，但是这些人的总体健康情况还是不错的。

人类世界存在的这个天然的艾滋病防御武器，给很多医生和科学家提供了对抗艾滋病的思路。

这包括曾经震动整个人类世界的"柏林病人"。

1995 年，在德国留学和工作的美国人蒂莫西·雷·布朗（Timothy Ray Brown）患上了艾滋病。但是在接受抗病毒治疗后，他体内的艾滋病病毒被有效地控制，他也重新开始了正常的生活。但是祸不单行，到了 2006 年，布朗又被一种恶性血癌——急性髓性白血病——击中。

为了治疗他的血癌，德国医生格勒·许特尔（Gero Hütter）决定使用骨髓造血干细胞移植的方法，为布朗更换一套全新的、健康的造血系统。

这种常规用于治疗血癌的技术，可能读者们并不陌生。

只不过这一次，在寻找配型合适的骨髓捐献者的过程中，布朗有着惊人的好运气：在骨髓库里找到了 267 个配型合适的捐献者！要知道，大部分苦苦等待骨髓移植的血癌患者，根本找不到任何一个合适的配型。

这个难得的奢侈让许特尔医生决定采取一个稍微有所不同的策略。他想要看看这么多合适的捐献者中，是不是有人碰巧携带了 *CCR5-Δ32* 基因突变。如果能够找到并移植这样的骨髓，许特尔医生猜测，也许可以同时治愈布朗的血癌和艾滋病。

运气再次眷顾布朗，医生们果然找到了一位配型合适、同时携带 CCR5 基因突变的捐献者（当然考虑到这种基因突变的频率高达 1%，这个结果也许并不会令读者们感到意外）。

在两轮骨髓移植之后，奇迹果然发生了——布朗的白血病被全新的骨髓治好，而他的艾滋病，也同时被 CCR5 基因缺陷治好了。至此，布朗成了全世界第一个艾滋病痊愈的幸运儿。而"柏林病人"这个响亮的绰号，也注定会永载人类医学史。[3]

3　Hütter G, et al, "Long-Term Control of HIV by *CCR5* Delta32/Delta32 Stem-Cell Transplantation," *N Engl J Med*, 2009.

天然情况如此，人工操作能不能模拟这种效果呢？毕竟，对于全世界那么多艾滋病患者来说，为他们每人寻找一份配型合适、也携带 CCR5 基因突变的骨髓，再安全顺利地完成移植手术，可不是件容易的事情。

看起来确实也有希望。

2014 年，美国圣加蒙公司（Sangamo Therapeutics）还发布了一项临床研究的结果。他们提取出艾滋病患者体内的免疫细胞，人为破坏这些细胞内的 CCR5 基因，再把这些细胞输回患者体内。他们确实也发现，如此操作之后，这些患者体内的病毒水平明显降低了，并且维持了几周。

也就是说，破坏 CCR5 基因，确实可能是一种有效的、相对比较安全的治疗艾滋病的新思路。

如果科学和临床研究只到这个地步，我相信大多数人会毫无障碍地接受它。艾滋病是一种严重的、致命的疾病，那么动用某些技术手段，阻止它的入侵，让患者重获健康，是非常正当的目标。

更具体点说，首先，相比去除 CCR5 基因可能带来的健康风险，治愈艾滋病的收益要大得多。其次，就算治疗出了什么问题，类似的基因操作也只会影响到患者一个人的身体，不会遗传给后代，不会扩散给其他人，更不会影响整个人类。

你看，收益大于风险，最坏风险可控。这样的事情我们当然支持。就算要改改基因，那又如何呢？

二

但是，顺着这个逻辑稍微多想一点，你会意识到这项技术还有更大的想象空间。

那就是：从治疗到预防。

既然 HIV 病毒的入侵需要 CCR5 基因，既然天生存在 CCR5 基因缺陷的人天生对艾滋病免疫，总体而言也还活得挺健康，那如果在没出生的孩子身上提前把 CCR5 基因破坏掉，不就能让自己的孩子从一出生开始，就不需要担心艾滋病这种疾病了吗？

从某种程度上说，这种思路和打疫苗差不多，都是通过某些技术手段，让人在没有接触某些细菌病毒的时候，就已经具备了对它的抵抗力，做到了提前预防。

这当然就是咱们开头提到的贺建奎的工作思路。但是请注意，看起来都是操纵基因对抗疾病，但是迈出这一步，事情的性质就完全变了。

我们分两个层面来讨论这个问题。首先是科学层面上的。

我们刚才说过，之前那些利用基因编辑技术制造 CCR5 基因缺陷来治疗艾滋病的办法，收益大于风险，最坏风险可控，所以我们支持对他们进行研究。但是这两条，都不适用于贺建奎的研究。

先说收益大于风险。贺建奎修改了人类受精卵当中的 CCR5 基因，试图让出生后的孩子天生对艾滋病免疫。但是请注意，根据贺建奎所说，这几枚受精卵的母亲根本就不是艾滋病患者。他们的父亲虽然是艾滋病病毒携带者，但是在长期抗病毒治疗后，艾滋病病毒得到了很好的控制。

在这种情况下，只需要把父亲的精子经过严格的抗病毒处理然后人工授精，同时母亲在孕期注意防护，生出来的孩子100%不会受到艾滋病病毒感染。其实，就算母亲是艾滋病患者，用已经很成熟的阻断疗法，孩子也有99%的可能性不会被感染。而退一万步说，即便这些孩子真的不幸患上了艾滋病，层出不穷的治疗方法已经把艾滋病变成了慢性病，并不影响患者的生存寿命。

也就是说，这个基因编辑的操作，收益很小，几乎可以忽略不计。

而反过来，这个操作的风险就太大了！基因编辑技术至今仍然是在蓬勃发展和快速推进的前沿生物学技术，就算是目前被广泛研究和应用的CRISPR/cas9基因编辑技术，也仍然有许多根深蒂固的风险没有得到解决。其中最主要的风险就是，这项技术在应用的时候难以避免所谓的"脱靶"效应，很容易破坏人体当中原本正常的无关基因，导致可能非常严重的且从原理上难以准确预计的遗传疾病。实际上针对贺建奎公布的数据，我们已经能够很有把握地说，他进行的基因操作，确实破坏了这两位婴儿体内的其他重要基因！

总而言之，这项基因操作给这两位刚出生的孩子带来的好处微乎其微，但付出的代价是各种根本无法预测和治疗的遗传疾病风险。这样的操作显然不符合人类世界最基本的伦理底线。

我们再来说说最坏风险可控。请注意，由于贺建奎是在受精卵当中进行修改基因的操作的，伴随着受精卵一次次分裂最终形成人体，这些修改将可能进入婴儿的所有细胞——包括生殖细胞。也就是说，这一次基因编辑的结果不光会影响这几个孩子，还会传递给他们的儿子女儿，他们的孙子孙女，他们的所有子孙后代！

这和之前利用基因编辑技术治疗艾滋病患者有本质的不同。在之前"柏林病人"的案例和圣加蒙公司的治疗尝试里，只有患者的免疫细胞被替换或者修改了。就算没有取得成效，也不会影响患者的生殖细胞，因此也就不会影响患者的子孙后代。这可以看成基因编辑技术最后的防火墙——即便带来了灾难性的后果，也只有患者本人需要承担。

而现在，这最后一层防火墙被突破了。这些接受了基因编辑的孩子们，他们身体内携带的被修改过的基因，将会慢慢融入整个人类群体，成为人类基因库的一部分。这里面当然也包括可能被基因编辑操作脱靶误伤的那些基因！从这个角度说，这项基因编辑操作的最坏风险是不可控的。人类可能需要很多年、很多代才会发现其后果。

除了这两层科学上的考虑之外，我们也确实要面对很多更现实的技术性考量。在这次实验的审批过程中，是否暴露了相关法律法规的空白或者灰色地带？现在的流程是不是能尽到监管责任和确保监管质量？受试者有没有被明确告知自己接受的是一项什么研究，有什么风险？这项研究在正式接受学术界评审之前就急急忙忙地诉诸媒体，出于什么动机，是合适的做法吗？

三

在科学的考量之上，我还有更深层次的担忧。那就是，对人类这个物种未来命运的担忧。把基因编辑技术从治疗推动到预防，大大延伸了这项技术的适用范围。由此产生的一个显而易见的问题就是：基因编辑技术的应用边界在哪里？仔细想想，你会发现这条边界非常难以人为划定。

如果编辑 CCR5 基因治疗艾滋病很合理，那提前修改 CCR5 基因保护自己难道不是人之常情吗？既然如此，一个普通人也希望保护自己的孩子不得艾滋病，难道有错吗？

再推演一步，如果一个人因为自己的一个基因变异，会提高 1% 的某种疾病的风险，他要求做基因编辑降低风险合不合理呢？如果合理的话，那有万分之一的风险能不能做基因编辑呢？百万分之一呢？如果不合理的话，那到底存在多大的风险，我们才觉得应该允许做基因编辑呢？

更要命的是，一旦"治疗"和"预防"的边界被打开，"预防"到"改善"的窗户纸更是一捅就破！如果一个人想要他（她）的孩子获得更多的肌肉，更高的个子，想要金发、双眼皮、高鼻梁怎么办呢？更有甚者，如果他（她）想要的孩子具有高智商和强大的语言能力、分析能力、领导气质呢？

如果刚才你还没觉得担忧，现在应该嗅到了巨大的危险吧。

当然，必须得承认，今天我们对于人类基因的理解仍非常粗浅，对于我们关注的绝大多数人类特性——从身高到智商，从性格到道德观念——我们还并不知道到底是哪些具体的基因差异带来了人和人之间的不同。在今天就算有个疯子科学家想要通过基因编辑制造"完美"人类，他也做不到。

但是伴随着基因科学的进步，这些问题或早或晚都是会得到解答的。实际上从 20 世纪 80 年代至今，人类通过著名的双生子研究（twin study），已经陆续证明了许许多多人类特性都受到基因差异的强烈影响。

人的身高，可能 80% 由遗传因素决定。[4] 反映人类逻辑思维能力、空间想象力和记忆力的智商，70%~80% 是由基因差异决定[5]；甚至，一个人到底是内向还是外向，是更友善还是富有攻击性，是更倾向于保守主义还是自由主义，最大的单一影响因素，都是基因差异[6]；在近几年发表的两项研究中，科学家们甚至发现，一个英国公民究竟投票给保守党还是工党，基因贡献

4　Lai CQ, "How much of human height is genetic and how much is due to nutrition?" *Scientific American*, 2016.

5　Plomin R and Deary IJ, "Genetics and intelligence differences: five special findings," *Mol Psychiatry*, 2015.

6　Morin R, "Study on twins suggests our political beliefs may be hard-wired," Pew Research Center, 2013.

了 57% 的影响因素 [7]；而一个男性在婚姻中是不是会出轨，63%是由基因决定 [8]！

我们难以想象，当我们越来越清楚地知道这些人类特性究竟是由哪些特定的基因差异所影响之后，基因编辑技术是不是就会天然地找到它的应用场景？到那个时候，基因编辑技术的推广是不是会把人类带向万劫不复的深渊？基因编辑会不会破坏人类基因库的多样性？基因编辑会不会让人类变得千篇一律，毫无特色？

最重要的是，基因编辑会不会塑造永恒的不平等？当然了，人类社会已经充满了各种资源和能力的不平等。我们自然也没有天真到认为这些不平等会一夜之间消失。但是这一切至少是有可塑性的。家境贫寒的孩子努力读书工作也仍然可以出人头地，优越的家庭条件也有"富不过三代"的永恒困扰。

但是，如果有了基因编辑技术的介入，一切就有可能不一样了。

如果一部分人的孩子早早接受了基因编辑技术的"改善"，他们就可以从外貌到智力各方面都占据竞争优势。要命的是，这些优势还是写进基因组里，可以遗传的，那么，其他的孩子可能就永无翻身之日了！难道基因编辑这项从诞生之日起就伴随

7　Spector T, "General Election 2015: Do your genes determine how you vote?" *The Independent*, 2015.

8　Zietsch BP et al, "Genetic analysis of human extrapair mating: heritability, between-sex correlation, and receptor genes for vasopressin and oxytocin," *Evol Hum Behav*, 2014.

着鲜花和掌声的新技术，勾画的是一条通向黑暗地狱的道路？

历史的经验告诉我们的是，人类对自身和对世界的认识与改造，也许会凝滞，但是似乎从未被逆转。在我看来，强大的基因编辑技术进入人类世界，帮助我们战胜病痛，甚至是让我们自己更健康，可能都是无法阻挡的历史潮流。那是不是我们也可以推想，利用基因编辑技术实现阶层固化，塑造人类世界永恒的差异化和不平等，也将可能是无法阻挡的历史潮流呢？

作家阿道斯·赫胥黎 (Aldous Huxley) 在 1931 年出版的名著《美丽新世界》中曾经幻想过这么一种阶层永久固化的世界。在这个世界里，通过药物和教育，人类被永久性地塑造成五种阶层当中的一员，然后一生服务于固定的使命。

我最喜欢的科幻作家刘慈欣，曾经在 2005 年发表了一篇短篇科幻小说，名为《赡养人类》。在这篇小说中，大刘假设了一种移植知识和提高智慧的技术，它彻底限制了阶层之间的流动，塑造了穷人和富人之间永恒的阶层差异。

请允许我引用几段小说里的原文：

"完成超等教育的人的智力比普通人高出一个层次，他们与未接受超等教育的人之间的智力差异，就像后者与狗之间的差异一样大。同样的差异还表现在许多其他方面，比如艺术感受能力等。于是……于是，一件事就自然而然地发生了，你是个聪明人，应该能想到。"

"富人和穷人已经不是同一个……同一个……"

"富人和穷人已经不是同一个物种了，就像穷人和狗不是同一个物种一样，穷人不再是人了。"

十几年过去了，大刘幻想的那种智慧固化器还没有出现。但是基因编辑技术的出现，以及这位疯子科学家贺建奎的胆大妄为之举，同样将人类历史带到了历史和科幻的分界线上。

面对可能交织光明和黑暗的未来，我们每个人，都需要思考和行动。

四

回望历史，我们会发现有太多的时候，创造历史的，是那些胆大妄为的小人物。

他们无所顾忌，他们可以无视人类世界的道德底线，他们也很可能对于自己可能带来的破坏力一无所知。

贺建奎正是如此。

2018 年 11 月 26 日之后，贺建奎就此销声匿迹。

来自全球科学界的愤怒声讨，来自中国科学研究管理部门的强烈谴责，贺建奎可能会面临严厉的惩罚，也许足以警示后来者，但是由贺建奎亲手开启的全新历史，却再也无法倒带重来。

这么说似乎还是太轻松了。

在 2018 年 11 月 26 日当天，在百度上搜索贺建奎的次数，数倍乃至数十倍于我们耳熟能详的国民级新闻人物——比如屠呦呦和袁隆平。

跨越地域和圈层，贺建奎以一种戏剧化的方式，将人为修改人类基因、定制乃至设计人类婴儿这种可能彻底改变人类世界的技术，呈现在全体中国人面前。

而在那之后，争论依然喧嚣，历史还在向前。

2019 年 6 月 10 日，《自然》杂志发表新闻声称，一位名叫达尼斯·雷布里科夫（Denis Rebrikov）的俄罗斯科学家正计划利用基因编辑技术再次改造人类婴儿 [9]。

这位科学家告诉《自然》杂志，他已经吸取了贺建奎的教训，开发了一种完全无害的基因编辑技术——尽管他没有提供任何相关的技术细节。因此，他打算重做一次贺建奎的实验，在人类的受精卵中修改 *CCR5* 基因，然后将胚胎植入女性的子宫内。

他预计，如果一切顺利，要不了几个月，基因编辑婴儿就会再次诞生在世界上。

也许，这次事件仅仅是又一个科学疯子的冒险。但是透过贺建奎和雷布里科夫的举动，我们有更深层次的担忧。

通过修改人类基因，创造全新的人体特性，乃至创造神人和怪物，是许多科幻电影和科幻小说的常用题材。诞生于 2012 年的全新基因编辑技术——CRISPR/cas9 技术，第一次把修改人

---

9 Cyranoski D, "Russian biologist plans more CRISPR-edited babies," *Nature*, 2019.

类基因的门槛降低到了前所未有的程度。一个稍微受过基本生物学训练的普通人，只需要几百美元，就可以在自家的后院里搭建一个简易的实验室完成对人体基因的修改。

这种变化可以看成是前沿技术的民主化和大众化。在几十年前，计算机技术的大众化和民主化，在很多人家的车库里催生了一大批改变人类世界的公司，苹果公司和戴尔公司就是其中的代表。

而现在，基因编辑技术的大众化和民主化，又会给我们带来什么呢？

当然了，历史也并不总是如此让人沮丧。

2019 年 9 月 11 日，另外几位中国科学家（北京大学邓宏魁、首都医科大学附属北京佑安医院吴昊，以及解放军总医院第五医学中心陈虎）在《新英格兰医学杂志》发表论文，报道了另一次利用基因编辑技术修改人类 CCR5 基因的尝试[10]。

不要恐慌。这一次，中国科学家们恪守了自己的职业操守和道德底线。在这项研究中，他们严格遵循了临床试验所在机构的临床试验管理规范。

关于这项研究的内容，我将在接下来的故事里为你揭晓，请允许我在这里先卖个关子。在这儿，我首先要强调的是，单就基因编辑技术治疗艾滋病这个目的来说，这项研究并没有取得成功。但是，在贺建奎事件的大背景下，这项研究、这篇论

---

10 Xu L et al, "CRISPR-Edited Stem Cells in a Patient with HIV and Acute Lymphocytic Leukemia," *N Engl J Med*, 2019.

文仍然有重要的历史价值。因为它说明，基因编辑这项技术不仅仅是野心家手中的玩物。在医学伦理的约束下，仍然有它的用武之地。

也许更重要的是，它还说明，中国学术界不仅仅有贺建奎，仍然有的是敬畏规范、尊重科学的真正科学家。

这就是我要讲的第一个故事。在"基因编辑婴儿"的闹剧当中，小丑创造了历史。而未来的模样，至少还掌握在我们手中。

第二章

柏林病人和伦敦病人：彻底治愈艾滋病的机会有多大？

我们的第二个故事，仍然和艾滋病有关。

和前面贺建奎的故事一样，这项研究也仍然是把治疗艾滋病的希望聚焦到了 CCR5 基因身上。和前面贺建奎的故事一样，这也是一项有可能引发科学范式转移的研究。

只不过，是以一种合法合规的方式，能够带来确确实实希望的方式。

2019 年 3 月 5 日，英国剑桥大学的生物学家拉文德拉·古普塔（Ravindra Gupta）宣称，他带领的团队亲手创造了人类历史上第二例艾滋病被彻底治愈的患者。这位不愿意透露姓名的男性患者，从此拥有了一个将会载入史册的代号"伦敦病人"。[1]

一

这位选择隐藏身份的"伦敦病人"的命运，完完全全可以用"因祸得福"来描述。

根据记录，他先后患上了两种严重疾病：艾滋病和晚期癌

1 Gupta RK et al, "HIV-1 remission following *CCR5Δ32/Δ32* haematopoietic stem-cell transplantation," *Nature*, 2019.

症（一种叫作霍奇金氏淋巴瘤的血液系统癌症）。前者，会大规模破坏他身体内的免疫系统，让他失去对各种入侵病原体的抵抗能力，任何一点轻微的细菌或病毒感染都可能使他丧命。而后者，则让他体内的淋巴细胞化生癌细胞，不受控制地疯狂繁殖，并且开始入侵并破坏其他身体器官。

我必须得说，基于今天的医学进步，艾滋病和霍奇金氏淋巴瘤这两种疾病，其实都不能说是致命的绝症。在不断迭代的鸡尾酒疗法的帮助下，艾滋病患者体内的艾滋病病毒可以得到有效控制，患者的生活质量和寿命与正常人差别不大。而霍奇金氏淋巴瘤也已经有多种成熟的有效疗法，相当比例的患者甚至可以得到彻底治愈。

但是你也能够想象，身患两种严重疾病仍然是对患者健康的重大打击。

回顾"伦敦病人"的治疗历程，其实恰恰是这两种共存的疾病，让"伦敦病人"重获新生。

为了治愈他的霍奇金氏淋巴瘤，医生们决定采用造血干细胞移植的方案。简单来说，医生们首先用药物彻底清扫了患者体内的淋巴细胞，这一方面是为了彻底杀死癌变的淋巴细胞，另一方面也是为了防止在干细胞移植之后出现排异反应。然后，再给患者移植配型合适的造血干细胞，这些正常的造血干细胞进入患者体内之后，可以生产出正常的淋巴细胞，从而恢复患者正常的免疫系统功能。

我想你肯定或多或少听说过造血干细胞移植。这种技术是治疗血液系统癌症的常见操作，相当于给人体重新更换一套健康好用的免疫系统。在这里我就不再详细展开了。

但是在造血干细胞移植过程中，有一个细节至关重要。

在寻找骨髓捐献者的时候，医生们设置了一个特殊的目标。他们的目标是找到一个不光配型合适，而且还天然携带 *CCR5-Δ32* 基因缺陷的捐献者。

这是因为人们早已知道，有少部分人（特别是北欧人群）携带这种特别的基因变异，而这些人对艾滋病病毒的入侵有极强的免疫力。在上一个故事里，我们已经讨论过这背后的原因了。

基于这个知识，有一点是容易理解的：通过给"伦敦病人"移植功能正常，同时又对艾滋病病毒免疫的造血干细胞，医生们就有可能一石二鸟地治愈他罹患的两种严重疾病。自 2017 年 9 月至今，这位患者已经停止使用艾滋病药物，一直到现在都没有病毒活动、疾病复发的迹象。

因此，尽管仍然需要更长时间的监测来判断这位患者的情况，我们已经有理由乐观地预测，人类又一次彻底治愈了艾滋病。

为什么要说"又"？既然已经不是第一个，那这件事还有什么特殊意义吗？

还记得上一个故事中提到的"柏林病人"吗？蒂莫西·布朗因先后患上了艾滋病和血癌，也同样"因祸得福"地移植了携带 *CCR5-Δ32* 基因缺陷的造血干细胞，他的两种疾病也被同时成功治愈。[2]

顺便说一句，与选择匿名的"伦敦病人"不同，布朗选择公开自己的身份。他至今仍然健在，并以"柏林病人"的身份，积极投身人类抗击艾滋病的公益活动当中。

二

请注意，即便已经有先例，"伦敦病人"的第二次成功仍然是一个极其鼓舞人心的案例。

为什么？

一个简单的原因是，孤证不立。"柏林病人"的案例固然石破天惊，但是毕竟在此之后十来年时间里，医学界再也未能成功重复这套治疗方案。所以我们很难斩钉截铁地说，"柏林病人"的痊愈，唯一或者首要的因素，就一定是那些携带 *CCR5-Δ32* 基因缺陷的造血干细胞。

在复杂的医疗操作中，确实也隐藏着各种各样匪夷所思的可能性。说不定布朗本人的某些特别的身体条件帮助了他的痊愈呢？说不定在整个手术流程中，哪一个无人注意的操作细节其实至关重要呢？实际上真有科学家提出了严肃的质疑，怀疑布朗的痊愈其实主要是因为他本人特殊的遗传背景。更有意思

2　Hütter G et al, "Long-Term Control of HIV by CCR5 Delta32/Delta32 Stem-Cell Transplantation," *N Engl J Med*, 2009.

的是，因为只有布朗这么一个例子，这种观点我们既无法证明也无法证伪。

但如果说一次成功也许是神话，那两次同样的成功就是科学了。

有了"伦敦病人"的再一次成功，我们有更充分的理由相信这套治疗方案确实有效，并且值得生物医学界更深入、更系统的研究，以期把它推广到更广大的艾滋病患者群体当中。毕竟，艾滋病固然在医学上已经不是索命绝症，但是患者仍然需要长期服药并监控病毒的活动性，这对患者本人的生活、家庭和工作，乃至整个公共卫生系统都仍然是沉重的负担。

对于今天全世界 3700 万艾滋病患者来说，"柏林病人"和"伦敦病人"的先后成功，是远方地平线露出的一缕晨曦。对已经死于艾滋病的接近 4000 万患者来说，这个消息也许能部分地告慰他们逝去的生命。

相比两个极其幸运的患者，我想你肯定更关心另一个问题：这种治疗方法能直接大范围推广、治疗更多的艾滋病患者吗？

尽管鼓舞人心，但是我还是得说，"柏林病人"和"伦敦病人"的治疗方案不太可能照搬到一般艾滋病患者身上。

一个细节不知道你注意到没有，不管是"柏林病人"还是"伦敦病人"，都是在患上血癌（急性髓系白血病和霍奇金氏淋巴瘤）之后，才接受造血干细胞移植手术、治愈艾滋病的。

一个自然的问题就是，既然移植携带 CCR5-Δ32 基因缺陷的造血干细胞确实可能治愈艾滋病，他们的医生为什么不在第一时间就这么做？他们干吗非要等到患者得了血癌才动手？得了血癌再动手，患者身体更虚弱，风险岂不是更大？

想要解释这个反直觉的选择，这就说到医学实践和临床试验伦理的一个基本原则——患者利益至上。

说得更直白点，一种临床治疗方案必须首先保证患者的利益，为患者本人的健康和生命负责。其他所有的目标，不管是未来能拯救多少人类个体，能带来多大的商业价值，还是在科学探索上有多大的概念性突破，都必须往后放。

不管是"柏林病人"还是"伦敦病人"，在他们只患有艾滋病的时候，因为成熟的鸡尾酒疗法已经完全可以保证他们的健康、生活质量乃至寿命，医生们不管有再正当的科学或者公益方面的动机，都不应该、也不可以在他们身上尝试干细胞移植疗法。这种疗法的附加收益有限——因为艾滋病本来就可控，就算彻底治愈了也无非是患者可以少吃些药片罢了。相比之下，带来的潜在风险却相当大——干细胞移植手术尽管已经是某种常规操作，但仍然可能会导致严重感染、排异反应，甚至其他癌症。

但是在两位患者又非常不幸的患上血癌之后，收益和风险评估的天平发生了逆转。

到了这个时候，治疗他们的癌症、保全他们的生命是当务之急。特别是当其他治疗方案都不太有用的时候，造血干细胞移植就成了一个优先级的抗癌选项。

而既然已经决定做造血干细胞移植，那么顺手选择某个配型合适、同时又携带 CCR5-Δ32 基因缺陷的捐献者，就成了顺理成章的好事。它并不增加任何新的风险（反正都要做干细胞移植），同时又显著地增加了患者的收益（顺便治愈艾滋病），当然就成了合理的选择。

这就是我说两位患者"因祸得福"的深层逻辑。因为只有在这种病上加病的情境下，医生们才能放手一搏，用一种原本看起来过于激进的方法，一举治疗两种严重疾病。

那么反过来说，对于大多数艾滋病患者来说，对于艾滋病医生来说，鸡尾酒疗法是安全又有效的治疗方案，没有任何必要性在这个阶段模仿"柏林病人"和"伦敦病人"。

三

既然如此，大家岂不是白高兴一场？

当然不是。

"柏林病人"和"伦敦病人"的治疗方案没法直接照搬和推广，但是这种治疗方案的逻辑却可以深入分析和借鉴。

我们先退回一步，解答一个刚才咱们专门按下不表的技术问题：

为什么移植了携带 CCR5-Δ32 基因缺陷的骨髓干细胞就可以治愈艾滋病？或者说，为什么那些携带 CCR5-Δ32 基因缺陷的人，天生就对艾滋病免疫？

这个话题在上一个故事里我们已经聊了一点，这里展开再讨论讨论。

这是因为，和所有的病毒一样，艾滋病病毒在脱离宿主细胞的时候都呈现出静止不动的非生命状态，不会自我复制，也没办法搞破坏。因此，在进入人体之后，艾滋病病毒首先就需要找到能让自己容身、允许自己复制繁殖的宿主细胞，才能重新"活"过来。在这个过程中，它们的寻觅对象，是免疫细胞表面一个名叫 CD4 的蛋白质分子"路标"，通过这个路标，艾滋病病毒就可以精确地找到人体当中的某一类免疫细胞，进入这些细胞，疯狂自我复制，最终导致人体免疫细胞的死亡和人体免疫功能的重大缺陷。

但是请注意，艾滋病病毒进入免疫细胞的过程中，除了需要 CD4 "指路"，还需要免疫细胞表面另一个蛋白质分子帮忙"开门"才行。这个负责开门的分子，主要是 CCR5。

这也就意味着，如果人体携带 CCR5 基因的遗传缺陷，那么艾滋病病毒进入人体之后，可能根本就无法识别和入侵免疫细胞，让人患病。

更妙的是，就像我在前面所说的那样，人群当中就存在 CCR5 的天然遗传变异——CCR5-Δ32 基因缺陷，而且这些人看起来也并没有什么严重的健康问题。

也就是说，在患者自身的免疫细胞内引入 CCR5-Δ32 基因缺陷，可以在不影响患者健康的情况下，起到治疗甚至是彻底治愈艾滋病的效果。这个办法绕过了繁琐、危险，而且存在不确定性的造血干细胞移植，至少在理论上具备更大的普适性。

特别是在最近二三十年，一类名为"基因编辑"的技术风起云涌，赋予了人类精确操纵人类基因特定位点和特定序列的能力。利用基因编辑技术修改 CCR5 基因，治疗艾滋病，就具备了技术上的可行性。

在 2014 年，美国圣加蒙公司主导的一项早期临床试验中，医生们抽取了 12 名艾滋病患者体内的淋巴细胞，利用一种名叫"锌指蛋白核酸酶"的基因编辑技术，破坏了这些细胞中的 CCR5 基因。然后，医生们再将这些经过改造的细胞重新输回患者体内。[3]

在手术完成后医生们发现，至少在几周的时间内，患者体内的艾滋病病毒的数量下降，而免疫细胞的数量显著增加，显示这项研究取得了初步的成功。这项临床研究正在持续开展，在未来几年里，我们将会看到更多的临床数据。

除此之外，基因编辑技术的快速发展，特别是近几年来出现的 CRISPR/cas9 基因编辑技术，将有可能进一步推动这个治疗方案的升级。也许在不久的将来，这个方案将可能在更多的患者身上，重复"柏林病人"和"伦敦病人"的奇迹。

就在 2019 年 9 月 11 日，一群中国科学家（北京大学邓宏魁、首都医科大学附属北京佑安医院吴昊，以及解放军总医院第五医学中心陈虎）就已经率先报道了类似的尝试。

他们也遇到了一位同时患有艾滋病和血癌（这次是急性淋巴细胞白血病）的男性患者，也同样尝试了用造血干细胞移植的

3　Tebas P et al, "Gene Editing of CCR5 in Autologous CD4 T Cells of Persons Infected with HIV, " *N Engl J Med*, 2014.

办法治疗患者的血癌。只不过，和"柏林病人"与"伦敦病人"的情况不同，这群中国科学家虽然为他找到了配型合适的骨髓捐献者，但这位捐献者却不携带 CCR5-Δ32 基因缺陷。这一点并不让人惊讶，毕竟这种基因突变在中国人群里极其罕见。[4]

于是这群中国科学家退而求其次地利用了 CRISPR/cas9 基因编辑技术，直接动手修改了骨髓捐献者捐出的干细胞，然后再将这些修改过的细胞移植到患者体内。你看，这个操作有点类似于"伦敦病人"+ 圣加蒙公司的临床研究，将骨髓移植和基因编辑两项技术结合了起来。

这项研究取得了部分的成功——当然这取决于你如何定义成功。

正如预料的那样，干细胞移植彻底治愈了患者的血癌，在两年多的观察期当中，血癌没有任何复发的迹象。而基因编辑这项新加入的操作看起来也确实安全可控，被编辑过基因的细胞在患者的体内稳定地扎根下来，稳定地分裂产生各个类型的免疫细胞，也没有带来什么健康方面的风险。

但是如果你的关注点是艾滋病治疗，那结果就不那么乐观了。造血干细胞进行基因编辑的效率实在太低——数据显示，只有 5%~10% 的骨髓细胞，只有大约 2.5% 的外周血淋巴细胞被成功编辑了 CCR5 基因。这么一丁点细胞实在是不足以让患者获得对艾滋病病毒的抵抗力。实验数据也显示，患者仍然需要

---

4 Xu L et al, "CRISPR-Edited Stem Cells in a Patient with HIV and Acute Lymphocytic Leukemia," *N Engl J Med*, 2019.

持续接受药物治疗才能压制体内的艾滋病病毒，一旦停药，艾滋病病毒的数量会急剧增加（事实上也有人怀疑给患者停药这项操作可能根本就不需要进行，因为如此低的基因编辑效率，理论上就不可能产生对艾滋病病毒的抵抗力）。

换句话说，这项临床研究固然部分证明了基因编辑操作的安全性，但是还远不足以说明这项技术真的可以帮助更多的艾滋病患者对抗疾病。更多的研究——特别是如何提高基因编辑的效率——还在前头等待着科学家们。

而这当然不是一个轻松的任务。总的来说，在移植过程中的造血干细胞是一群相当"懒惰"的细胞，各项生物学活动都被降低了，这一点大大降低了基因编辑的效率。而与此同时，为了满足治疗血癌的需要，被移植的造血干细胞数量又得特别大（10 的 10 次方数量级）。这样一来，用什么方法能够对如此庞大数量的细胞进行基因编辑操作，又能保证足够的成功率，还不能无意间编辑破坏了其他不该被编辑的基因，这是一个相当有挑战性的任务。

当然了，一旦基因编辑技术本身发展成熟，在更广阔的战场上，这项技术的应用场景绝不仅仅是艾滋病一种疾病。许多人类疾病都和某个或者某几个特定基因有关：许多病原体进入人体细胞需要类似 CD4/CCR5 基因的"帮助"；许多先天性遗传病患者存在某个基因的缺陷；甚至许多家族性的慢性疾病也都和数个基因的变异有密切关系。定点编辑和修改基因的技术，也有可能帮助到这些人。

四

看到这样的研究进展，除了开心和继续期待，有什么需要我们担心甚至警惕的吗？

当然有。

我必须提醒你，利用基因编辑技术修改人类基因，不光能治疗某种特定疾病，甚至不光是能用来治疗疾病，它还是一项处在历史和科幻边缘，甚至可能彻底改变人类的革命性技术。

在前面章节里我们已经提到了这种可能性。实际上已经不是单纯的可能性了。在 2018 年年底，中国科学家贺建奎的疯狂举动，已经把 CCR5 基因被人为破坏的"基因编辑婴儿"带到了这个世界上。

你可能会觉得有点困惑，同样都是中国科学家的研究，同样都是试图破坏 CCR5 基因，为什么邓宏魁他们的研究我赞赏有加，贺建奎他们的研究我就大加挞伐呢？

魔鬼藏在细节里。

在邓宏魁他们的临床试验中，编辑修改 CCR5 基因，是在骨髓捐献者的一部分身体细胞（造血干细胞）上完成的，而且是在人体之外完成的。基因编辑操作完成后，才会将细胞输入患者体内。患者本人和捐献者的生殖细胞(也就是精子和卵子)并未被修改，因此这种基因操作的影响范围有限，更不会遗传给后代。就算基因编辑操作出了什么问题，影响的也只是人体的一小部分细胞；就算问题非常严重危及生命，受影响的也只是这一位孤立的患者。

而贺建奎的操作则完全不同。贺建奎宣称，他是在试管婴儿过程中，就编辑破坏了两位婴儿的 *CCR5* 基因。

不知道你有没有感受到其中的区别？

请允许我稍微展开一下。

首先，和邓宏魁他们的做法不同的是，贺建奎试图改变的，是两个原本就没有艾滋病、完全健康的婴儿的基因。这就从根本上违背了患者利益至上的基本医学伦理。两个原本健康的孩子，为什么要为了一个科学家的野心，在自己甚至都无法表达意愿的时候，去接受一项不必要的手术呢？

其次，和邓宏魁他们的做法不同的是，贺建奎试图改变的，是这两位婴儿全身所有细胞当中的 *CCR5* 基因。别忘了我们刚刚提到过，尽管携带 *CCR5-Δ32* 基因缺陷的人总体健康情况还不错，但是他们仍然有一些健康问题需要注意。换句话说，贺建奎的做法，其实明确损害了这两个婴儿的健康乃至是寿命！

绝不应该对她们进行这样的低收益、高风险操作——不管这项操作有多少潜在的科学、公益，或者商业价值。

与此同时，贺建奎的试验也开启了一个危险的先例——对人类生殖细胞进行基因操作，人为地、永久性地改变人类群体的遗传物质。

基因编辑婴儿可能将人为编辑过的基因传递给自己的子孙后代。放眼未来，这项操作如果当真大规模进入人类世界，将对人类的基因多样性、人类的个体选择权，乃至人类的社会结构和生活方式构成重大挑战。面对这些后果，我们还远远没有做好准备——不管是法律上的、道德上的、经济上的，还是世界观上的准备。

在我看来，一个现实的方案是，在这一切成熟之前，我们需要将基因编辑技术的应用，局限在一个可控范围内：治疗特定的高危疾病、只能用于身体而非生殖细胞,等等。不管是"柏林病人"和"伦敦病人"的做法，还是邓宏魁他们开展的研究，都值得鼓励、推广和期待。

而贺建奎的尝试，至少在基因编辑技术真正成熟、人类世界对此做好充分的法规和思想准备之前，绝不应该允许。

第三章

鼻咽癌和脂肪肝：
老疾病的新范式

每一年，生物学和医学新闻的主要内容，都是围绕人类各种各样的疾病展开的：新发现了什么疾病，什么疾病找到了新诊断方法，哪种新药被开发出来治疗什么病，又有什么新研究证明老的医疗建议不靠谱，等等。这当然是非常正常的，人类之所以投资生物医学研究、关注生命科学进展，当然有部分原因是源自对世界和自己的好奇心，但是希望科学能帮助自己过得更健康、更长寿、更幸福，才是最重要的原因。

作为回报，生命科学研究也在不断地为全人类贡献全新的药物，全新的医疗手段，全新的对于疾病的认知。单就癌症生物学这一个门类而言，在 2012—2017 这 5 年内，光是美国科学家就发表了超过 30 万篇相关的学术论文，每年光是在美国，通过审批上市的癌症新药都超过了 10 个。而这一切快速进步的结果是，美国的癌症死亡率在过去 25 年内持续稳步下降，已经比 1972 年降低了 27%，挽救了超过 260 万人的生命。而这些新发现、新突破也在持续不断地扩散到世界各地，帮助全世界的人民。

我的《巡山报告》系列里也会找到那些最激动人心的疾病研究突破，和你分享。在这本书里，你就会读到闪烁光疗法治疗阿尔茨海默症、抗抑郁新药 Spravato、第二例成功治愈艾滋病的"伦敦病人"。这都是各个领域内可能引发全新研究范式的重大突破。

但是与此同时，我也非常希望找到那些由中国科学家完成的重要疾病研究，特别是关于中国人常见疾病的研究，和你分享。毕竟科学虽然无国界，但科学家确实有祖国。特别对于人类疾病来说，很多时候确实有鲜明的地域性。中国人的疑难杂症，很多时候可能还真的要寄希望于我们自己的科学家。

让我非常兴奋的是，过去这一年里，真的有不少这样的新发现特别激动人心。在这里，我想和你分享两个研究，他们都是由中国科学家领衔完成的，而试图解决的，也都是中国人常见甚至是特有的疾病。

而更重要的是，在这两个故事当中，中国科学家的发现，还很有可能为这两种古老疾病，带来全新的研究范式和治疗机会。

一

第一个故事的主题，是一种恶性癌症——鼻咽癌。

说起鼻咽癌，这几乎可以说是一种中国特有的癌症。全世界80%的患者出现在中国，而其中又有超过一半出现在广东省。所以在英语世界里，鼻咽癌甚至还获得了一个很不光彩的响亮外号——Cantonese Cancer（广东癌）。

至于这种疾病为什么特别垂青广东地区，医学界一直有各种猜想。有人觉得，这种疾病可能和广东人的生活习惯，比如喜欢吃咸鱼、咸肉有关。也有人猜测，这种疾病可能和当地土壤中镍元素含量太高有关。在过去 10 多年里，中国科学家们还先后发现了几个会增大鼻咽癌风险的基因变异，说明这种疾病的发作可能也有遗传因素。

但是归根结底，所有这些已知因素的影响其实都比较微小，可以说是癣疥之疾，但肯定谈不上是心腹大患。

打个极端的比方，即便一个人携带已知的所有鼻咽癌风险基因、特别爱吃咸鱼咸肉，而且还世代居住在广东地区，他患鼻咽癌的风险也就只比普通人高了几倍。但实际上，广东本地居民患鼻咽癌的概率是全世界其他地区的 20 倍！

这也就意味着，真实世界当中，特别是在广东本地居民的身上，一定有某种还不为人知的风险因素，让鼻咽癌特别容易伤害到广东人。

2019 年 6 月 17 日，一群来自中国和新加坡的科学家，在《自然·遗传学》杂志上发表了一篇论文。他们从中国广东地区的人群当中，发现了两种特殊的病毒。人们只要被这两种病毒感染，患上鼻咽癌的风险就会提高十几倍。[1]

迄今为止，这是人类发现的关于鼻咽癌最强的、最危险的致病因素。这很可能会帮助我们更好地预防鼻咽癌的发生，更加对症下药地治疗鼻咽癌。

1 　Xu M et al, "Genome sequencing analysis identifies Epstein–Barr virus subtypes associated with high risk of nasopharyngeal carcinoma," *Nature Genet*, 2019.

这项最新的研究，就发现了这个隐秘的风险因素——两种特殊的 EB 病毒。

EB 病毒全称叫作 Epstein-Barr 病毒，是一类通过唾液传播，在人类世界里广泛存在的疱疹病毒。在 1964 年，几位英国科学家首次从人类的某种肿瘤细胞当中提取和命名了这种病毒。换句话说，从这种病毒被发现开始，就和癌症有着千丝万缕的联系了。也确实早就有人猜测，感染 EB 病毒和鼻咽癌发病相关。

这么听起来，好像在 EB 病毒和鼻咽癌之间建立关系，并不是什么了不得的大事？

但是问题在于，EB 病毒的传播是极其容易和广泛的。就在咱们中国，就有 90% 的人感染了或者曾经感染过 EB 病毒。但问题吊诡的地方就在这里，对绝大多数人而言，感染 EB 病毒根本不是什么大不了的事情，很多时候根本察觉不到，最多也就是发热、咽痛、流鼻涕，几天就好了，更不要说患鼻咽癌了。这就让人很难相信 EB 病毒和鼻咽癌有关。

这就像癌症患者，固然每天都在吃米饭面条，但是我们凭直觉就知道米饭面条大概率不是致癌因素——因为还有更多没患癌症的人也每天都在吃一样的米饭和面条嘛！

我们这里讨论的这项全新的研究，正是从这种符合常识的直觉中，发掘出了反直觉的全新知识。

中国科学家们从另一项研究中得到了提示。那就是宫颈癌和 HPV 病毒（人类乳头瘤病毒，Human Papillomavirus）之间的关系。

宫颈癌是一种女性常见的癌症,全世界每年都会有超过50万人患上宫颈癌。和大多数癌症不同,宫颈癌是一种由病毒感染引起的疾病。有超过99%的宫颈癌病例,是由HPV病毒感染引起的。这也是为什么世界各国近年来在积极推广HPV病毒疫苗的原因——只要阻止了HPV病毒感染,就能在很大程度上预防宫颈癌。

在很久之前人们就知道,HPV有超过100种不同的类型,但是并不是每种HPV类型都能引起宫颈癌,其中最危险的是16型和18型两种亚型,这两种高危病毒引发了超过70%的癌症病例,对中国人群而言这个数字可能超过90%。这也是为什么虽然HPV疫苗已经开发出了2价、4价和9价三种,覆盖的病毒类型越来越多,但是实际上最便宜的、针对16型和18型病毒的2价疫苗就已经足够好了。

宫颈癌和HPV病毒的研究提示了一件事:都是HPV病毒,但是病毒和病毒之间细微的差别,很可能会大大影响它们致癌的效果。那么,鼻咽癌和EB病毒之间的关系有没有可能也是如此呢?

为了研究这个问题,科学家们找到两百多位广东居民,从他们的鼻腔里,收集了他们携带的EB病毒。请注意,这些人当然有鼻咽癌患者,也有健康人——但是他们都是EB病毒携带者。

然后,科学家们对提取出来的这几百份EB病毒进行了基因组测序。在对EB病毒的基因序列加以比较之后,科学家们发现，虽然这些人都感染了 EB 病毒，但是病毒和病毒之间存在大量的微小差别，大概有八千多种不同的病毒类型。

而更重要的是，鼻咽癌患者感染的 EB 病毒，和健康人感染的 EB 病毒，看起来存在系统性的差别。果然，和 HPV 病毒一样，EB 病毒其实是个大家族，健康人和鼻咽癌患者感染的有所不同。

根据这些信息，科学家们找到了 EB 病毒家族中的两个高危成员。和其他 EB 病毒相比，这两个高危病毒类型的基因组序列仅有区区几个碱基的差别。但是，这点微小的差别，就让它们具备了超强的致癌能力。一个人如果被这两种高危病毒感染，患上鼻咽癌的概率要提高十几倍。反过来说，在咱们中国的华南地区，这两种高危 EB 病毒的传播，贡献了超过八成的鼻咽癌病例！这是迄今为止人类找到的鼻咽癌最强致癌因素。

那问题又来了，为什么偏偏是中国人、广东人特别遭罪呢？

通过分析上百份 EB 病毒的样本，科学家们也提出了可信的解释。这两种高危病毒，很可能就是在中国南方进化出现，然后广泛散播的。在世界其他地区，包括中国北方，这两种高危病毒类型出现的概率都要低得多。

当然，关于这项研究，我们还有更多的问题值得继续追问。最关键的问题在于，想要证明这两种高危 EB 病毒真的是广东癌最重要的幕后黑手，科学家们还有一个重要的理论障碍没有突破。

这就是微生物学中如雷贯耳的科赫法则。19 世纪，伟大的德国生物学家罗伯特·科赫（Robert Koch）在寻找人类肺结核的时候提出，想要真正证明一种微生物（比如结核分枝杆菌）能够导致一种特定的人类疾病（比如肺结核），需要四个方面的证据：

1. 患者体内能找到这种微生物，而健康人体内没有；
2. 这种微生物能够被分离出来、在体外培养；
3. 培养出来的微生物能够让健康人患病；
4. 因此而患病的人，体内还能继续找到这种微生物。

在过去的一百多年里，科赫法则虽然经常被各种例外情况所冲击，但是作为微生物学领域的金科玉律，它仍旧指导人类科学家发现了无数疾病的原因——霍乱、伤寒、鼠疫、炭疽病都是如此。实际上就连十几年前震动中国的SARS，科学家们仍然是根据科赫法则寻找致病微生物的。

所以，想要真的证明高危EB病毒是鼻咽癌的元凶，还有一些研究是必须要完成的，还有一些疑问是必须要回答的。

比如，科学家们固然在许多鼻咽癌患者体内找到了这种病毒，但并不是每一个鼻咽癌患者体内都有高危EB病毒，同时也有不少健康人携带这种病毒。这就已经违反了科赫法则的第一条，说明单单是高危EB病毒是无法导致疾病的。这本身是一件可以接受的事实，因为在科赫之后，人们也经常发现某种微生物虽然重要，但是单单它自己还不足以引发疾病。但是既然如此，科学家们就需要解释，在每一个患者体内，高危 EB 病毒和癌症发病到底是一种什么关系？会不会是患者自身的某些特殊条件，结合高危 EB 病毒，才最终催生了癌症？

还有，想要满足科赫法则的第 3~4 条，科学家们需要证明高危 EB 病毒真的可以大大提高鼻咽癌的发作，而患者体内还能继续找到高危 EB 病毒——我们当然没法在人体做这样的残酷实验，但是我们可以在老鼠和猴子这样的实验动物身上验证。这些研究对于我们真正确认高危 EB 病毒的作用也是至关重要的。

再比如说，这两种高危的病毒类型为什么会如此危险？区区几个碱基的差异是怎么导致这一切的？这种高危病毒出现在中国南方，这件事完全是个偶然，还是说和华南地区的环境和生活习惯也有关系？还有，既然我们已知鼻咽癌也有遗传因素的贡献，那么鼻咽癌高危基因和鼻咽癌高危病毒之间是不是也会存在某种微妙的联系？这些问题都值得继续追问。

研究需要持续推进，但与此同时，因为这项研究的重要性，在不久的将来，它一定会快速进入临床应用。一项可能的应用是，开发出专门检测这两种高危 EB 病毒的仪器，在人群当中大规模、低成本地做基因检测，看看谁会被感染，谁需要特别关注自己的鼻咽健康。如果针对这两种高危型的 EB 病毒开发疫苗，是不是可以有效降低鼻咽癌的发病率，让鼻咽癌不再是"广东癌"？这背后的产业空间和医学价值，可以说大得难以想象。

顺着这个话题，我还想讨论一下中国的生物医学研究。

在我看来，中国的生物医学研究，固然要瞄准那些和全人类命运息息相关的重要问题，但同时也需要特别关注那些中国人群特有的疾病和健康问题。

原因是很简单的，对于某种中国人高发，甚至中国人特有的疾病，如果中国科学家不研究，那很可能就没有人会去好好研究了——国外的科学家们可能根本没有兴趣，就算有，他们可能也会受研究经费和研究样本的限制，没办法高效率地工作。把这些疾病研究透彻，是中国科学家义不容辞的社会责任。这样的疾病我们可以想到很多：乙型肝炎、很容易通过淡水鱼传染的华支睾吸虫、21世纪初震动中华的SARS感染，都是这样的中国高发疾病。当然，还有这里我们讨论的鼻咽癌。而理解和攻克鼻咽癌，也确实被许多中国科学家作为奋斗的目标。

2002年和2010年，中国科学家和新加坡科学家合作，利用大规模人群数据，先后找到了好几个和鼻咽癌风险有关的基因变异。[2, 3]

2017年，香港中文大学的卢煜明教授——无创产前诊断的奠基人——开发了一套鼻咽癌无创诊断的新方法，在2万多人中成功发现了34位鼻咽癌患者，其中一半都是还没有出现

2　Zeng YX and Jia WH, "Familial nasopharyngeal carcinoma," *Semin Cancer Biol*, 2002.

3　Bei JX et al, "A genome-wide association study of nasopharyngeal carcinoma identifies three new susceptibility loci," *Nature Genet*, 2010.

症状的早期患者[4]。就在我们讨论的这项重要研究的同时,中山大学的科学家们还为我们带来了另一项鼻咽癌重磅研究。马骏教授主持的一项临床试验证明,在标准的放化疗治疗方案之前,用两种化疗药物(吉西他滨和顺铂)提前进行诱导化疗,能够显著提高晚期鼻咽癌患者的生存率。这当然是中国科学家对全世界鼻咽癌患者的重大贡献[5]。实际上,马骏教授的团队已经屡次引导了全世界鼻咽癌治疗的临床方案升级。

这是我要讲的第一个故事。一种中国高发的疾病,从背后的生物学,到临床的诊断和治疗,都在迎来全新的变化。而这些变化当中,有中国科学家的身影。这样的故事,我们当然希望越多越好。

二

我的第二个故事,讲的也是一种中国高发疾病——脂肪肝。

当然了,脂肪肝可不光是中国人特有的疾病,它是一种不折不扣的世界流行病,全世界大约有 1/3 的成年人患有不同程度的脂肪肝。

4　Chan KCA et al, "Analysis of Plasma Epstein-Barr Virus DNA to Screen for Nasopharyngeal Cancer," *N Engl J Med*, 2017.

5　Zhang Y et al, "Gemcitabine and Cisplatin Induction Chemotherapy in Nasopharyngeal Carcinoma," *N Engl J Med*, 2019.

你很可能听说过脂肪肝这种疾病，它由过多的脂肪堆积在人体肝脏里所引发。早期和轻度的脂肪肝是可以逆转的，但长期脂肪肝会严重影响肝脏的功能，引发肝硬化，甚至是致命的肝癌。

那脂肪肝又是怎么出现的呢？

脂肪肝的一个重要病因是长期大量饮酒，高浓度的酒精在肝脏内被分解，引发了脂肪的异常堆积，这就是所谓的酒精性脂肪肝。如果一个人不怎么喝酒也得了脂肪肝，这种病例就被医生们统称为非酒精性脂肪肝。

非酒精性脂肪肝的人数虽然要多得多，但具体病因其实一直并不特别清晰。人们传统上认为，既然是脂肪太多，那肯定是一种代谢性的疾病，和肥胖、高血脂、糖尿病这些代谢性疾病有着密切关系。在治疗非酒精性脂肪肝的时候，医生们也往往会提出控制饮食、少吃油腻、增强运动这样的建议。

换句话说，代谢系统出了毛病，就从改善身体代谢状况入手来解决问题。

但是在 2019 年 9 月 20 日，中国科学家在国际学术期刊《细胞代谢》上发表论文，为非酒精性脂肪肝提出了全新的生物学解释。[6]

这种疾病居然和一种肠道微生物有关，可以用抗生素治疗！

故事要从 2014 年说起。

6　Yuan J et al, "Fatty Liver Disease Caused by High-Alcohol-Producing Klebsiella pneumoniae," *Cell Metab*, 2019.

一位 27 岁的男性患者来到北京各大医院求医。这位患者从小在澳洲生活，从十多岁起，他患上了一种奇怪的疾病。他滴酒不沾，但是却总会出现莫名其妙的喝醉酒的症状，甚至还像长期醉酒的酒鬼一样，患上了严重的脂肪肝。他的妈妈为此一筹莫展，甚至经常怀疑他是不是偷偷喝酒。但是妈妈发现，即便自己把孩子看得死死的，根本没机会喝酒，孩子还是酒气熏天。更麻烦的是，这位患者的饮食也受到了很大的影响。因为他只要吃一顿含淀粉的食物，他血液里的酒精浓度会飙升到每 100 毫升 400 毫克——咱们国家醉驾的标准也仅仅是每 100 毫升 80 毫克！

几乎绝望的他四处求医，2014 年他来到了北京。

最初，北京 301 医院的医生们判断，这位患者应该是患上了非常罕见的自动酿酒综合征（auto-brewery syndrome）。简单来说，医生们猜测他的肠道里可能出现了某种特殊的真菌（酵母菌或者念珠菌），这些微生物能够把糖分持续发酵变成酒精，因此患者不喝酒也会醉。事实上，人类酿酒其实也是基于同样的微生物发酵原理。

所幸这种疾病虽然很罕见，但却有现成的治疗方案：只要服用抗真菌药物，杀死肠道里的酿酒微生物，应该就能治好。

但是医生们尝试了各种各样的抗真菌药物之后不得不沮丧地承认：这种治疗方案失败了，即便药物确实杀死了患者体内的真菌，但患者的醉酒病情依旧没有好转。患者确实患上了自动酿酒综合征，他的身体也确实在昼夜不停地生产酒精，但是看起来却不是由人们已知的真菌引起的。显然，这是一种人类未曾遇见过的、全新的疾病。

那怎么办呢？和人类科学探索过程中反复出现的情景一样，反常识的观察，往往会带来反直觉的重要发现，甚至是科学范式的重要转移。

这个故事也是如此。在这位古怪病号出现后的几年里，几位中国科学家——首都儿科研究所的袁静教授、中国科学院武汉病毒研究所的刘翟教授和军事科学院军事医学研究所的杨瑞馥教授——一直在试图寻找这背后的原因。他们产生了一个大胆的猜测，会不会这位患者的体内存在某种能够大量制造酒精，但是却不是真菌的微生物？

为了检验这个猜测，他们收集了这位患者的粪便，希望仔细分离培养当中的微生物。但是人们早就知道，人的肠道内生活着上千种、数百万亿个不同的微生物——其中大多数是细菌。就算真有这样一种微生物，我们又怎么分离它、锁定它、研究它呢？

袁静教授产生了一个非常重要的想法：绝大多数细菌、真菌都会被酒精杀死（这也是酒精消毒的基本原理），但如果真有这种产酒微生物，它既然能大量产生酒精，那它一定可以忍耐环境中高浓度的酒精——总不能自己杀死自己吧？那既然如此，如果用含有高浓度酒精的培养基来培养这位患者的排泄物，那些依然能够顽强生长的，不就是最可能的研究对象？

这个想法立刻成功了。科学家们从患者粪便样品当中成功培养出了上百种不同的菌株，通过基因测序确定了它们的身份。结果是令人震惊的：培养出的微生物当中，有超过 90% 都属于同一种细菌：肺炎克雷伯菌（Klebsiella pneumoniae），而且其中相当一部分都能旺盛地生产酒精！

实验做到这里，一个很明确的科学假说就立刻形成了：

能够大量产生酒精的肺炎克雷伯菌（简称高产酒肺炎菌，HiAlc Kpn）可能是这位罕见病患者的致病原因。不知道什么时候，这种特殊的细菌进入了患者的肠道并从此定居下来，持续制造酒精。源源不断的酒精导致了患者的醉酒症状和严重的脂肪肝。既然产酒的是细菌而不是真菌，那医生们用抗真菌药物没看到用处，也就不足为奇了。

更妙的是，这个简单直接的科学猜想是很容易验证的（读者们不妨先合上书，自己想想到底怎么验证）。科学家们在实验室里培养了更多的高产酒肺炎菌，用不同的抗生素做测试，看看什么药物能够杀死这种细菌。最后他们发现，亚胺培南——一种传统上被医生们用来做"最后一道防线"的药物，专门杀死超级耐药细菌的抗生素，能够有效杀死高产酒肺炎菌。

这就好办了。他们把这位饱受醉酒困扰的患者重新找了回来，用亚胺培南做了几轮杀菌治疗，再加上小心地调整饮食，困扰这位患者十几年的醉酒问题居然被治好了！他的严重脂肪肝问题，居然也消失了！患者高高兴兴地回家了。

但是科学问题还没完全解决。别忘了我们刚才讨论过的科赫四法则。真要证明是某种微生物（比如高产酒肺炎菌）导致了某种特定疾病（比如说醉酒和脂肪肝），科学家们需要证明四件事：

1. 患者体内能找到这种微生物（已经做到）；
2. 这种微生物能够被分离出来、在体外培养（已经做到）；
3. 培养出来的微生物能够让健康人患病（尚未证明）；
4. 因此而患病的人，体内还能继续找到这种微生物（尚未证明）。

科学上，问题才解决了一半呢。当然了，我们不可能抓一个大活人来做如此残忍的证明。但科学家们用小鼠做了类似的证明工作。他们发现，如果把这种特殊的细菌移植到小鼠体内，小鼠也会出现奇怪的醉酒和脂肪肝症状。在这些患病的小鼠体内，高产酒肺炎菌牢牢地生长在肠道的褶皱当中。如果杀掉这种细菌，那么小鼠的病也能被治好。科赫四法则都得到了牢靠的证明。至少对于这个特殊的病例，中国科学家们可以充满信心地说，就是高产酒肺炎菌导致了罕见的醉酒和严重的脂肪肝。

但我们的故事还远远没画上句号。

你可能也想到了。如果故事说到这里就结束，固然挺有趣、挺反常识，但它无论如何也仅仅是一个非常罕见、非常传奇的病例，对吧？和我们有什么关系，和全人类有什么关系呢？

更重要的发现来了。

这些科学家也在忍不住猜测，高产酒肺炎菌导致醉酒和脂肪肝，这仅仅是这一位患者的特殊情况吗？有没有可能，全世界数以亿计的脂肪肝患者，也和这种细菌有关？甚至，这种传统上被认为和饮食有关的代谢性疾病，其实是一种细菌感染病？于是，他们进一步收集了四十几位已经被确诊为非酒精性脂肪肝的病号，也同样检测了他们的粪便。结果发现，有超过60%的患者，也携带这种能够大量生产酒精的细菌！

这就有意思了。

这个发现意味着，肚子里有一种会自己酿酒的细菌，可能还不光是这一位特殊的人类患者的偶然现象，它可能还代表着某种普遍的，但是不为人知的脂肪肝发病机制。

换句话说，我们传统上认为脂肪肝是喝酒、贪吃、少运动导致的，因此要治疗脂肪肝，需要少吃多运动。但是很有可能，我们身体里的某种细菌也是重要的发病因素。在未来，治疗脂肪肝，可能还需要吃抗生素！

当然，这项研究的结论还需要在更广泛的人群里得到验证。我们特别需要知道，这项研究能不能得到全世界科学同行的重复验证，而除了这位既不幸又幸运的患者，吃抗生素是不是真的能治疗脂肪肝。如果证明可靠，这将是一项注定会引发科学范式转移的重大发现！一种传统上始终在代谢系统范畴内被研究和治疗的疾病，居然可能和我们身体当中生活的细菌直接相关！

范式转移往往意味着我们很多固有的认知边界会被打破，会有很多全新的知识和应用不断涌现。比如说，我们很容易想到，这种生活在人类肠道当中的细菌，能不能通过食物或者排泄物传播，如果是这样的话，那生活在一起的家人、同学、朋友会不会相互感染？而这样的话，那脂肪肝岂不是成了一种传染病？在未来，治疗脂肪肝是不是还得考虑分餐，甚至考虑隔离呢？

再比如说，这种高产酒肺炎菌到底是怎么来的？它仅仅是细菌随机变异的产物，还是说在某些特定的情况下，在人类的肠道里，它代表着某种生存优势？会不会是人类的某种生活习惯筛选出了这种细菌？如果是这样的话，这种生活习惯又是什么，能不能提前预防？

还有，如果杀死高产酒肺炎菌就能治疗脂肪肝，那么可不可以开发脂肪肝疫苗？反正只要能避免这种细菌入侵，就能在很大程度上避免脂肪肝嘛。

以此类推，其他的人类代谢性疾病，比如糖尿病、高血压、高血脂，会不会也和我们身体里的微生物有关系？甚至是所有那些传统上认为和微生物无关的疾病，从癌症到阿尔茨海默症，从精神疾病到心脏病，会不会也和微生物有关系？我们是不是应该好好去重新审视人体和人体微生物之间的关系呢？

甚至如果我们的脑洞开得更大一点，这种高产酒肺炎菌能不能用来发酵玉米和秸秆，为我们大量生产酒精？要知道，工业酒精可是一种极其重要的工业原料，也是一种非常清洁的绿色能源。难道说一场绿色革命，会由一种我们肚子里的细菌开启？

这就是我为什么强调，这是一项可能会引发范式转移的研究:我们可能需要一个全新的视角和研究方法，去审视脂肪肝，去审视很多疾病，去审视大量未知的微生物物种。

我很高兴，2019 年里出现的这项重要的研究，也出自中国科学家之手。

这颗种子可能生长出的奇妙未来，让我们屏息以待。

第四章

"疟疾抗癌"疗法：警惕科学世界的伦理倾销

在古代中国的医学实践中，有所谓"以毒攻毒"的传统智慧。曾经医生们相信，当他们面临非常棘手的病痛，一筹莫展的时候，也许另一种毒物、另一种病痛能够与之相对抗。在现代医学体系当中，人们也确实经常发现，某种高剂量下有毒的物质，在低剂量条件下确实能治疗疾病——这也许可以算是另一种形式的以毒攻毒。比如说，著名的砒霜治疗白血病的成功案例就是如此。

在20世纪70年代初，哈尔滨医科大学附属第一医院的中医科主任张亭栋和同科的医生们偶然发现，有一位民间中医自己开发了一个偏方用来治疗癌症，还真治好了不少人。他的偏方里可以说全是如假包换的毒药：一是三氧化二砷，就是《水浒传》里毒死了武大郎的砒霜；二是轻粉，也就是含有水银成分的氯化亚汞；三是蟾酥，蟾蜍的分泌物。在对这个偏方展开进一步研究之后，张亭栋他们发现，这个偏方里真正起作用的是砒霜，而这个偏方真正能够有效治疗的是一种特殊的癌症类型——急性早幼粒型白血病。到了如今，砒霜结合另一种药物——全反式维甲酸，已经成为全世界范围内的急性早幼粒型白血病的标准疗法，有99%的患者能够被成功治愈！

2019年新年前夕，又一项"以毒攻毒"的医学研究出现了。

在中国科学院主办的SELF格致论道论坛的一次演讲中，中科院广州生物医药与健康研究院的陈小平研究员介绍了"疟疾抗癌"的研究，包括自己利用疟疾治疗癌症的灵感来源、生物学研究发现和早期临床结果。特别吸引人的是，在演讲中陈小平提到，第一批接受疟原虫注射的10位晚期癌症患者，"已经有结果了"。其中5例是有效的，有两位患者"可能已经被治好了"。在演讲后，他还通过SELF格致论道论坛，公开给出了临床试验联系人的联系方式。

因为媒体传播，这项"成果"虽然尚未公开发表，也没有接受学术界内部例行的同行审查程序，但却快速获得了科研机构官方微博的背书，迅速引爆了整个中文互联网，收获了网友们的各种赞美膜拜，更激起了无数癌症患者和家属们的美好希望。

疟疾当然是一种严重疾病，这种经由蚊子传播的寄生虫疾病，每年仍然要侵袭超过2亿人，导致几十万人死亡。癌症更是如此。仅在2018年，这种疾病杀死了全世界接近1000万人。

疟疾抗癌，是一种全新的以毒攻毒方案吗？

一

请先不要太乐观。

在我看来，从最初创意到设计思路，从数据解释到公布方式，这项研究存在太多的疑点。

我花了点时间查找公开资料，来简单梳理一下"疟疾抗癌"研究本身的来龙去脉。

● 陈小平说，他在早年学习期间，偶然发现世界范围内疟疾发病率和癌症死亡率的地理分布图，似乎存在负相关的关系：癌症死亡率高的国家往往疟疾发病率低。所以他萌生了"疟疾也许能治癌"的初步想法。

● 过去两年，他们团队在几个医院开始了利用疟原虫治疗晚期癌症的临床试验。在演讲公开的十个患者的数据里，有五个"有效果"，两个"好像已经治好了"，成效可喜。

● 陈小平还解释了疟疾抗癌为什么能起作用：他们团队在小鼠模型中研究发现，引发疟疾的疟原虫能够显著抑制肿瘤生长，而且还研究了背后的机制，可能是激活了小鼠的免疫系统功能。

这么看是不是确实很靠谱？很激动人心？八竿子打不着的疟疾和癌症居然有着隐秘的关系，一位中国科学家借此产生了一个"天外飞仙"的抗癌思路，还取得了初步成功，这个思路居然还暗合"以毒攻毒"的古老智慧！

且慢，我们一条一条来分析这些声明。

首先从逻辑上说，"癌症死亡率高的国家往往疟疾发病率低"，完全不能用来证明疟疾对癌症有什么抵抗作用。一个简单的解释是，癌症是一种和年龄高度相关的疾病，80岁的老人得癌症的概率要比20岁的年轻人高出50倍。因此一个国家老人越多，预期寿命越长，当然也会伴随着癌症发病率的上升——往往也会同时伴随着癌症死亡率的上升。而哪些国家符合这个设定呢？你没想错，当然是经济、社会发展水平相对高的发达国家。全世界癌症发病率最高的十个国家：丹麦、爱尔兰、澳大利亚、新西兰、比利时、法国、美国、挪威、加拿大、捷克[1]，全部都是高收入国家！

而相反，疟疾恰恰是一种"偏爱"中低收入国家的疾病。这种通过蚊子传播的疾病，在公共卫生系统落后、缺乏基本的防疫条件的热带地区特别容易流行，比如撒哈拉以南的非洲国家。而这些国家因为整体社会经济水平和医疗条件的落后，又是人均寿命比较短的国家。

所以你看，如果说癌症是老人病、发达病的话，那疟疾就可以说是年轻病、落后病了。这两种疾病在地理上的互斥关系，和得了疟疾是不是能抗癌，可能一点关系都没有！事实上，相反的，已经有充分研究证明疟疾可以显著增加某些癌症的发病，特别是伯基特淋巴瘤[2]。这种淋巴癌的高发地区也确实和疟疾流行地区高度重合。

我们再看看陈小平公布的临床数据。

---

1 来自癌症研究基金会，2011年数据。

2 Moormann AM and Bailey JA, "Malaria-how this parasitic infection aids and abets EBV-associated Burkitt lymphomagenesis," *Curr Opin Virol*, 2016.

陈小平在演讲里声称，已经有 30 多位患者在接受疟原虫治疗，并且"已经看到效果了"。最强有力的证据是，10 位最早的患者当中，5 位有效，两位甚至"好像已经治好"了。是不是真的呢？

截至成书之日，陈小平这项临床研究的数据尚未公开发表。不过，陈小平在演讲里公开了一张统计图：[3]

临床试验初步结果：最初10例晚期肿瘤患者5例有效，其中2例可能已经被治愈

患者编号	01001	01002	01003	01004	01005	01006	01007	01009	F-002	FD-006
姓名缩写	ZZTY	QCYU	CHCH	DTYI	CSCH	JKFE	RIYI	LIJI	QAQU	ZDHO
性别	男	女	男	男	男	男	女	女	男	男
年龄	53	54	65	46	45	48	64	53	61	47
肿瘤类别	左上肺腺癌术后	右上肺癌	右上肺腺癌	右肺腺癌骨转	右肺癌胸膜转移	右肺腺癌	右肺腺癌	右下肺癌IV	前列腺癌内转	肺癌
序程	25d	360d	176d	26d	116d	132d	105d	72d	107d	102d
序效评估	PD	SD	无肿瘤生存，超过1年无复	PD	PD	SD	SD	PD	原发肿瘤代谢活性消失，1年无复发	PD
患者生存	死亡	死亡（自杀）	随访	死亡	随访	随访	随访	随访	随访	随访

必须说明，这张图不是严肃的临床试验结果分析，缺少很多必要数据。这一点当然可以理解，毕竟陈小平并不是在严肃的学术场合讨论数据，而是在进行公众演讲。但是请注意，这件事本身其实就已经有点问题了。一般来说，学术界公布研究结果的惯例是在学术会议或者学术期刊上，同时接受同行的评价和询问，而不是选择一个公众演讲。

3　此图来自 SELF 论坛官网。

不过既然陈小平主动公开了部分信息，我们自然可以对此展开一些分析。而且你会看到，仅仅根据这点信息，我们也能看出很多东西了。

首先解释一下背景信息：怎么评估一种抗癌药物的有效性？这个问题当然是非常专业的，简单来说抗癌药物最重要的金标准，是看是否能够有效延长患者的生存期，这就是所谓总生存期的指标。大部分癌症药物最终获得上市批准，需要提供这个信息。不过在很多临床试验里，生存期难以快速衡量（毕竟很多患者会活好几年、几十年，而临床试验一般也就几个月到几年）。所以在临床试验，特别是在早期临床试验当中，研究人员会用一系列替代性的指标作为分析依据。

这其中可能最重要的一种是客观缓解率。在较短的期限内衡量癌症药物的疗效，客观缓解率是最常用的指标之一。所谓客观缓解率，衡量的是在临床试验的整个过程中，有多少患者的肿瘤，在接受治疗后出现了完全的（完全缓解，complete response/CR，一般标准是每个肿瘤病灶都要缩小到直径 1 厘米以下）或者是部分的缩小（部分缓解，partial response/PR，一般标准是肿瘤直径缩小 30% 以上）。与之相对应的，如果患者的肿瘤持续增大，超过 20%，被认为是疾病进展（progessive disease/PD），也就是说治疗无效。如果患者的肿瘤变化的情况，在进展和缓解之间，叫疾病稳定（stable disease/SD）。

当然必须说明，这仅仅是最肤浅的一点背景信息。临床数据分析是个特别复杂的工程，什么时候测量肿瘤的尺寸，怎么测，测几次，用哪一次的数据，都是需要事先制定方案严格执行的。这样一刀切的操作当然会带来一些不可避免的误判。但真实世界里，每个患者的情况千变万化，必须有一个一碗水端平的客观评估标准，才能保证临床研究的有效性。

根据这些信息，我们再回头看看陈小平提供的表格。10位患者，5位注明了PD（疾病进展），3位SD（疾病稳定）。换句话说，这8位患者的癌症并未得到有效治疗。还有两位重点标记的患者，是单独用文字解释的，就是陈小平演讲当中提到的"好像已经治好"的患者。

我们首先就来看这两个最鼓舞人心的案例。我接下来会说明，这两位患者，根本不能被当作疟原虫治疗有效的案例看待，更不要说当作"好像已经治好"的案例来大肆宣传了。

先看01003号患者。陈小平演讲中解释，这位患者用疟原虫治疗之后，肿瘤形状变化，因此用手术切除，无病生存至今。这当然是好消息！但是这个案例的治疗，能归功于疟原虫疗法吗？不可以！

在正规的临床试验分析当中，这位患者在停止疟原虫治疗、接受肿瘤切除手术的时候，就已经不能看作是疟原虫临床试验的成员了。对他的疗效评估，正确的做法是在这之前就检查肿瘤尺寸，并且按照咱们上面描述的类别归类进行数据分析 [（从陈小平公布的有限的信息看，这位患者归类更大的可能性是疾病稳定（SD）]。

这是为什么呢？道理其实不难理解。

在真实世界里，癌症患者往往面临多种治疗方案的选择，而且往往需要多种方案组合治疗。这个当然无可厚非。但是这种操作给客观评估一种新疗法的作用增加了困难（很简单，功劳到底算哪一种方法的）。因此在早期临床试验中，一般会要求患者只接受一种治疗方案。陈小平他们的临床试验也有同样的要求，入组患者不能同时接受别的治疗。这一点在中国临床试验注册中心的数据库里也有体现。

所以当一个患者决定脱离这种待评估的治疗方法（疟原虫治疗），转而使用另一种疗法（微创手术）之后，就不能再作为一个有效的数据点了。否则以此类推，如果接受疟原虫治疗的患者，同时偷偷吃了别的化疗药，甚至是请了气功大师给自己发功，还真的看到肿瘤缩小了，看到的效果算谁的？

我们再说右边那位 F-002 号患者。陈小平在演讲中也提到了，这位患者接受疟原虫治疗结束几个月后发现，虽然肿瘤大小没变，但是 PET-CT 结果提示肿瘤代谢活性消失。肿瘤代谢活性消失，提示癌细胞可能正在缓慢死亡，这当然也是非常好的消息。

但是这位患者能算是被疟原虫疗法"好像已经治好"了吗？对不起，这个例子也很成问题。

第一个问题是和上面一样的：这位患者在结束疟原虫治疗几个月之后看到的结果，你怎么就那么肯定是疟原虫导致的？这个患者在此期间接受别的治疗了吗？根据演讲内容，这位患者之后回了老家生活，那疟原虫临床研究团队能对这位患者的用药情况精确追踪吗？这些信息陈小平并没有提供，只能存疑。

第二个问题是，所谓"肿瘤代谢活性消失"，当然是一件好事，也是临床研究中应该追踪和分析的有效数据。但是请注意，在这 10 位患者的数据当中，其他 8 位患者是用 SD/PD——也就是简单的肿瘤大小指标——进行衡量的。而如果套用同样的标准分析这位患者的数据，他大概率是属于 SD 类别。那问题就来了，为什么不同的患者没有使用同样的分析标准呢？

说到这里我们就可以小结一下了，至少从这非常有限的 10 个数据来看，疟原虫疗法的效果根本不是 5 个有明显的效果，两个可能治好！我还要特别提醒的是，"治好"这两个字是无论如何不能随便使用的。在临床实践中，一般只有症状完全缓解并持续 5 年的病例，才能称为临床治愈。在陈小平的故事里，这两位患者确确实实看到了曙光（暂且不论曙光到底是不是疟原虫的功劳），但是距离完全缓解尚且距离很远，更不要说临床治愈了！这种轻率的说法，会给患者带来虚假的希望和不必要的情绪负担。我们后面再展开讨论这一问题。

二

说到这里，陈小平提供的临床信息，我已经分析得差不多了。但是你可能还有两个疑问：

● 十个病例太少了，是不是不能说明问题？是不是可以多做一些再下结论？在批评之前，我们是不是应该给陈小平更大的耐心？

● 就算效果不太好，反正患者也已经走投无路，给他们一个死马当作活马医的选择行吗？

　　我们先说第一个问题。评估一个癌症疗法，特别是一个革命性的新方法，10 个数据确实太少了。想要全面评估，更多的患者数据是必需的。但是拿着远不足以说明问题的 10 个数据在大众平台上声明疗法有效，还出现了"好像已经治好"的患者案例，并且加上"杀死癌症""癌症疫苗"美名引爆互联网的，不正是陈小平吗？需要更有耐心，需要更保守更稳妥，需要等更多数据再评价、再宣传、再公开招募更多的受试者的，不是批评者，而是陈小平，对不对？反过来说，既然宣传已经是这么火热，那么给泼泼冷水，防止更多人被误导，是不是就特别重要呢？

　　我们再说第二个问题：不管疗法到底如何，给走投无路的患者提供一个选择是不是好呢？这个看法不光大家会有，陈小平本人其实也是这么说的。但是这个说法其实是有很大问题的。用常识就可以判断，世界上大多数医疗骗局都是这个套路：反正你也没办法了，干脆死马当成活马医。权健这么说，气功大师这么说，各种电线杆上推广的祖传秘方也这么说。

　　平心而论，这个说法的诱惑力是很强的。它很好地利用了癌症患者焦急、无奈、绝望的心理，和对医疗知识的不熟悉，乘虚而入。我扪心自问，真的有这么一天，我自己也不一定扛得住诱惑。而这，正是为什么各个国家对医疗产品的上市和应用，都设计了严格的监管程序。恰恰是因为患者在紧急或者绝望的关头，没有做出理性判断的知识和情绪，所以国家动用专业力量，来帮你做最后的把关。帮你评估这个产品是不是真的合法，是不是真的安全有效。是真的提供了最后的救济和希望，还是在利用你的恐惧谋财害命。

那么疟原虫疗法是不是这种情况呢？我不想做任何没有根据的推断。从能查到的资料看，陈小平他们公司做的临床试验都是合法合规的，有伦理批件，在正规医院进行，临床试验有备案。这个必须要说明。

但是，有一个细节让我有点不太踏实。他们临床研究招募患者的条件，根本不是陈小平所说的其他任何方法无效，走投无路的！甚至，在他们2017年开始的一个临床研究中，还有这么一条（信息来自中国临床试验注册中心的数据库）:既往未接受过手术／放疗／化疗／靶向药物等抗肿瘤治疗，并且拒绝接受以上治疗而强烈要求入组的患者，需要符合入选标准的所有其余要求。

也就是说，哪怕一个患者刚刚发病，任何正规治疗都没有进行（包括手术和化疗），只要他"强烈要求"，就可以进行疟原虫试验!

这是一种非常让人难以理解的操作。只需要用常识就可以判断，这个条件给诱导更多的患者加入临床试验留了多大的空子——甚至是那些刚发现疾病、本来应该接受各种正规治疗方案的患者。我很好奇，在目前接受疟原虫治疗的患者当中，有多少是这种情形？他们当中有多少，如果早点开始正规治疗，可能癌症真的已经治愈或者明显得到控制了？他们当中又有多少，可能被疟原虫疗法耽误了治疗？

三

讨论了原初的理论依据，讨论了最近的临床信息，我们最后再来看看这当中生物学机制的研究。

陈小平的这项研究，从原理上说，是用疟原虫引发患者全身性的免疫反应（高热就是一个证明)，然后寄希望于这种免疫反应能够帮助人体杀伤肿瘤细胞，治疗癌症。这部分工作，部分发表于 2011 年的 *PLoS ONE* 杂志 [4]。

也就是说，陈小平团队发现，如果给小鼠接种癌细胞的同时也注射一些携带疟原虫的红细胞，那么肿瘤的生长会受到明显的抑制。他们也分析了几个免疫学指标，发现这些小鼠体内的天然免疫系统和获得性免疫系统都被激活，因此推测免疫系统的激活杀伤了癌细胞。

4　Chen L et al, "Antitumor effect of malaria parasite infection in a murine Lewis lung cancer model through induction of innate and adaptive immunity," *PloS ONE*, 2011.

这个现象本身其实并不奇怪。一种高毒性病原体的入侵理所当然地会激活动物身体的免疫系统；而免疫系统也确确实实能够杀伤癌细胞。其实说白了，这就是最近几年火热的"癌症免疫"的思路嘛。熟悉新闻的人应该还记得，2018年的诺贝尔生理或医学奖，就发给了开启"癌症免疫疗法"的两位科学家。他们的贡献，就是帮助人类找到了一条对抗癌症的革命性道路：通过重启免疫系统的功能，杀伤人体癌细胞，治疗癌症。

更重要的是，在他们的研究指引下，好几种癌症免疫药物已经上市，并且在好多不同的癌症类型当中都取得了很好的效果。

这种癌症免疫药物和疟原虫抗癌，有关系吗？

不是没有可能。

癌症免疫疗法这个思路，最早的发轫，可以追溯到100多年前。19世纪末，美国医生威廉·科利（William Coley）偶然发现某些癌症患者在出现细菌感染、高热之后，癌症居然奇迹般地消失了。这个现象也把科利医生彻底带上了一条全新的治疗道路。他自己制备了很多致病细菌的培养液（所谓"科利毒素"），给不同的癌症患者接种，试图重现高热杀死癌症的奇迹。据说，他可能在数百位患者身上做过类似的尝试，还颇有一些患者的肿瘤出现了缓解甚至被治愈。

只是由于这种操作可控性非常差（每个患者需要注射的剂量次数都不一样），安全性也很差（持续高热对于很多癌症患者是致命的），科利医生又始终无法解释他的治疗效果是因何而来，所以慢慢就被新兴的放射性治疗和化疗药物给取代了。直到最近 20 年，人类才彻底搞清楚这背后的机理，并且开发出了全新的革命性药物——也就是上面提到的癌症免疫药物。

说到这，你可能已经意识到了：科利医生在 100 多年前的尝试，和陈小平如今的尝试，其实从现象上看，是非常相似的。他们都是用病原体感染人体（细菌 vs 寄生虫），引发人体系统性的免疫反应（持续的高热就是证明），然后期待这种系统性的免疫反应能够帮助杀死癌细胞。

那这么说，陈小平的研究，机制上是靠谱的？别急着下结论。我们先问一个假设性的问题：

在人类已经发明了更加可靠、安全和有效的癌症免疫药物，能够更加特异地激活针对癌细胞的免疫功能，在不引发过度强烈的人体炎症反应的前提下有效杀伤癌细胞的时候，如果让你选择，你还会主动放弃 O 药和 K 药，专门去给自己打一针剧毒细菌，用其实历史更悠久、但是疗效和副作用都难以控制的科利毒素来治病吗？你会吗？我猜你不会。

那如果把科利毒素换成不光副作用难以控制，而且直到现在都还缺乏有价值的临床疗效信息（"5 个有效 2 个治好"的神话，我已经讨论过真实性了）的疟原虫，你的选择是什么？

这才是问题的关键。

陈小平关于疟原虫抗癌的小鼠模型研究，确有可能真实有效。和科利毒素类似，疟原虫确实有可能恰好通过激发了某些患者体内的某种特殊的免疫反应，起到了治病的效果。如果搞清楚这背后的机理再加以利用，走出一条全新的对抗癌症的道路也不是不可能。而不是：急吼吼地把这种生物学机制仍然几乎是空白的研究推向临床；急吼吼地在临床都还没有得到什么有意义的信息的时候，就对着全国人民喊话"已经有 5 个患者有效，2 个患者好像已经治好了"；急吼吼地在这个阶段借机放出临床试验负责人的联系方式，让没有太多医学知识储备的老百姓盲目地加入其中！

这样不对，那应该怎么做？我们来做一个简单的比较，看看真正的癌症免疫疗法是怎么一步步走到今天的吧。

看著名的癌症免疫药物欧迪沃（Opdivo，俗称 O 药）的发明历史，其中有几个非常重要的节点（为了简化讨论，我省略了一些比较曲折的历史变迁，请业内专家见谅）：

● 19 世纪末，科利医生发现细菌感染引起的高热有时候能够治疗癌症，但并不理解原因。

● 在 20 世纪，伴随着免疫学的研究，人类逐渐开始猜测，科利毒素的作用可能是激活人体免疫反应，杀伤癌细胞。

● 20 世纪 90 年代，日本人本庶佑发现小鼠如果缺乏一个名为 PD-1 的蛋白质，很容易患上像类风湿关节炎这样的自身免疫疾病。换句话说，小老鼠的免疫系统功能变得太活跃了。这个发现说明，PD-1 蛋白质很可能能够抑制免疫系统的功能。

● 世纪之交，华人科学家陈列平发现一个名为 PD-L1 的蛋白质也有类似功能，而且 PD-L1 在肿瘤组织中高度富集。他的工作因此提示了一个可能性，就是癌症细胞可能是通过激发PD-L1蛋白质的活动，给免疫系统踩刹车，从而逃脱并存活下来的。

● 世纪之交，本庶佑和合作者发现PD-1和PD-L1相互结合恰为一对。因此理论上说，如果能够用一种药物抑制PD-1或者PD-L1，都能起到重新唤醒免疫系统、杀伤癌细胞的作用。

● 又历经超过10年的开发之后，2014年，一种针对PD-1的单克隆抗体药物纳武单抗（Nivolumab）上市，这就是鼎鼎大名的O药。

不知道你看到区别没有？

在研究开始的时候，研究者们面对的其实都是一个简单的、难以完全理解的现象——病原体引发的高热可能会杀伤肿瘤。但是从科利毒素到PD-1和PD-L1的发现，再到O药的开发和临床试验，人类用了一个多世纪时间，把一种复杂难解的、充满不可控因素的原始毒素，变成了如今可以大规模生产和广泛应用的革命性药物。

陈小平做的疟原虫抗癌的研究，从发表的数据来看，确实存在一种可能性，那就是疟原虫感染可能激活了人体的天然或者获得性免疫系统，从而对癌细胞产生了一定的杀伤效果。但是这种可能性仍然需要非常审慎的处理。比如说，他们2011年的研究并没有比较疟原虫感染的抗癌效果是不是就比简单的发一场高热更好（如果不是，那为什么要用会带来严重副作用的疟原虫）;没有比较各种毒性不同的疟原虫是不是同样有效（如果确实是，那就没有必要选用对人体伤害较大的类型）;没有研究更多的肺癌动物模型，更没有测试其他的癌症模型（如果没有，怎么可以随便在人身上测试其他种类的癌症）……在这些机制问题得到严肃探究之前，轻率地开展人体实验不是一个合理的选择。

退一万步说，即便这种可能性得到了严格证明，在科利毒素诞生100多年后的今天，在人类对抗癌症的技术、人类理解生命现象的能力已经鸟枪换炮的背景下，更应该做的是，就像上面讲述的O药发明历程一样，去深入挖掘这背后的机理，搞清楚疟原虫究竟激活了人体的什么免疫细胞，如何激活，哪部分激活是有意义的，而哪部分激活是非特异性的而需要避免的，最终引导我们开发出有效、安全的新药。说得更直白点，就是一种模拟甚至加强疟原虫抗癌效果，同时规避疟原虫强烈副作用的药物，而不是去简单粗暴地模仿100多年前的科利医生，直接把毒素注入人体。

屠呦呦先生找出了青蒿素，那么今天的疟疾患者就不需要再去用成捆的青蒿泡水了——后者既麻烦，又没有多少药物成分，而且还有植物毒素中毒的可能。疟原虫的研究，难道不是应该也见贤思齐吗？

四

除了就事论事地讨论"疟疾抗癌"疗法本身的问题之外，随着事件的发酵，还有更多的信息慢慢浮出水面。

一个特别值得注意的细节是，根据科学媒体《知识分子》的调查，"疟疾抗癌"这项研究，并非真如陈小平所说，是他自己在 30 多年前求学期间的灵光一现。这种思路最早的鼓吹者另有其人，是美国医生亨利·海姆立克（Henry Heimlich，即著名的海姆立克急救法的发明人）。[5]

在 20 世纪 80 年代，海姆立克全力推广他发明的"疟疾疗法"，认为给患者感染疟疾，可以有效治疗包括艾滋病、莱姆病、癌症在内的疑难杂症。他的想法在美国受到了同行的广泛批评。在 1993 年，美国疾控中心也出具官方声明，认定这一方法对患者没有任何益处，反而增加了患者患病甚至死亡的风险，因此推行这一疗法是不符合伦理规范的。但即便面对各种反对，海姆立克仍然固执地推动这一研究的开展。20 世纪 90 年代初，他甚至采取迂回策略，在墨西哥开办了疟疾疗法的诊所，让感兴趣的美国患者来到墨西哥接受治疗，以此规避美国的监管。

《知识分子》的调查表明，就在同一时期，海姆立克还曾经到访广州，并通过当时在广州预防医学研究所工作的陈小平，自 1993 年起，在中国开展了疟疾疗法抗癌、抗艾滋病的实验。

---

5 《起底"疟疾治疗癌症"之"亲爱的爸爸"》，知识分子，2019。

这些研究，后来还被世界卫生组织的官方杂志称为"残忍的罪行"。

至于期待中的所谓"疟疾抗癌"的疗效，在近30年之后的今天，结果不言自明。甚至陈小平本人，也在1999年《浙江肿瘤》上发表论文，下结论称如果患者接受过其他治疗方案，那么疟疾疗法无效。[6]时隔近30年之后，陈小平公开站上讲坛。这一次，他将自己包装成"疟疾疗法"的唯一发明人，将"疟疾抗癌"称为全球唯一独创，并大张旗鼓地招募新一轮的受试者来做"疟疾抗癌"人体试验。这背后的原因，实在耐人寻味。

说到这里，考虑到这项研究的立意和动机，我们会很自然地想到一个人，一个最近妇孺皆知、被《自然》杂志直呼为"基因编辑流氓"的中国科学家——贺建奎。

就在陈小平的"疟疾抗癌"新闻传遍互联网之前两个月，2018年11月底，时任南方科技大学副教授的生物学家贺建奎公开宣布，他利用一种名为CRISPR/cas9的基因编辑技术，定向改造了两位人类女婴的基因组DNA，宣告了人类历史上第一、第二例基因编辑婴儿的诞生，我在本书第一章里已详细讲述了这件事。

贺建奎的研究立刻招来科学同行、监管机构和公众的严厉谴责。就在我写这篇文章的时候，针对贺建奎的调查仍在进行。

6　陈小平、萧斌权、刘树国、等:《疟疾疗法治疗晚期肿瘤的初步报告》，载《浙江肿瘤》1999年03期。

他明确违反了科技部和卫生部的行业规定，甚至可能会被追究刑事责任。

值得注意的是，有证据显示贺建奎"不是一个人在战斗"。他的博士生导师、美国莱斯大学的教授麦克·蒂姆（Michael Deem）涉嫌参与甚至设计了这项研究，正在接受校方调查。他的博士后导师、美国斯坦福大学的教授史蒂芬·奎克（Stephen Quake）和其他两位斯坦福大学的工作人员，也正在被校方调查。

比较之下我们会看到，陈小平和贺建奎，两个人的研究思路、研究方法以及宣传推广的方式，高度相似。

- 首先是研究思路。陈小平和贺建奎都声称自己是原创性研究（疟疾抗癌和基因编辑婴儿）的提出和发起者。但是有越来越多的证据显示，这些研究思路的真正设计者另有其人。海姆立克早在20世纪80年代就开始积极鼓吹疟疾疗法并付诸实施，而贺建奎的导师麦克·蒂姆可能直接参与了基因编辑婴儿课题的具体设计。
- 其次是研究方法。陈小平和贺建奎尝试的都是被业内专家广泛认为高风险、低收益甚至无收益的激进治疗方案。就疟疾疗法而言，美国疾控中心等专业机构早在20世纪90年代就已经发文警告；而禁止将未成熟的基因编辑技术应用于人类胚胎，更是全球科学界的共识和中国监管机构的明文规定。
- 最后是数据公开的方式。陈小平和贺建奎不约而同选择了绕过学术界的同行评审程序，直接将初步研究数据向媒体和公众公开。陈小平选了中科院SELF格致论道论坛的演讲；而贺建奎选择了接受美联社的独家专访，并提前在YouTube网站分享了数个基因编辑婴儿的宣传短片。

似曾相识的操作手法，带来的是同样重大的医学风险、舆论风暴以及道德危机。而我们不得不追问的问题是：为什么这样的闹剧和悲剧能够反复出现？为什么这样的事情可以出现在我们中国？

就在2019年2月，《经济学人》杂志以"伦理倾销"为题发表了一篇评论文章。这篇文章，为接踵而至的陈小平和贺建奎事件提供了绝佳的注脚。[7] 作者警告说，"伦理倾销"——那些更富裕、监管更严格国家的科学家，将本国不被允许的医学研究搬到另一个可能较穷、监管较为松懈的国家去进行——已经成为相当普遍的现象。显然，这种现象和"洋垃圾"的倾销一样，所蕴含的技术风险和道德危机不言而喻。

我们有理由相信，陈小平和贺建奎事件，正是这种"伦理倾销"的产物。面对"伦理倾销"，我们当然需要首先谴责那些道德沦丧、明知其研究存在不可容忍的风险却仍然将这些研究在其他国家推进的研究者。但是我们同样需要追问的问题是：为什么中国会成为"伦理倾销"的目的地？在中国医学研究的

---

7 Jane Qiu, "Recent events highlight an unpleasant scientific practice: ethics dumping," *The Economist*, 2019.

实践和监管政策中，是否存在系统性的"伦理陷阱"，使得来自国外的"伦理倾销"有可乘之机？

答案是肯定的。

五

想要找出这种系统性的漏洞，我们得重新回头审视一下陈小平和贺建奎的具体操作方式。不约而同地，他们都采取了一种叫作"研究者发起的临床试验"的方式，在一家或者数家医院开展了他们的人体试验。

什么叫"研究者发起的临床试验"呢？这其实是一种很常见的临床试验方式。如果一家公司开发了一种新药，希望最终获得药品注册资格、上市销售，那么这家公司就需要在一国监管机构的严格监督下完成临床试验和数据采集，最终报请监管机构批准。

在中国，这些以药物注册上市为目标的、企业发起的临床试验，由国家药品监督管理局负责监管。也就是说，这家公司需要首先针对这种药物完成各种"临床前"研究，包括药学研究（如何生产一种质量稳定的药物）和药理毒理学研究（验证这种药物在几种动物模型当中的安全性、效用、代谢动力学）等信息，然后提交给国家药品监督管理局，获得临床批件之后，才可以在一家或者几家医院开展人体临床试验。而人体试验也同样需要遵循严格的程序，往往有一个从低剂量到高剂量、从小规模到大规模、从短期到长期的递进过程。在临床试验完成后，企业将数据提交给国家药品监督管理局，获得最终批准才可以上市销售。

而与企业发起的临床试验相对应的，是研究者发起的临床试验。临床医生也可以自行发起小规模的临床研究，探索某种已知疗法的新用途、比较不同疗法的差别、探索药物联用的可能性等。如果这项研究不涉及尚未上市、缺乏临床数据的新药，也不会增加受试患者的健康风险，那么就不需要报请国家药品监督管理局。医生们只需要在临床试验管理中心备案，经由医院内部自行组织的专业和伦理委员会批准，就可以开展。

毫无疑问，企业发起的临床研究和研究者发起的临床研究，都是现代医学研究的重要组成部分。前者负责提供全新的治疗手段，而后者帮助在真实场景里对各种治疗手段进行优化和组合。在世界各国，研究者发起的临床研究的数量要大大高于前者，也为医学实践提供了各种丰富的数据和操作指导。

陈小平和贺建奎开展的，都是程序相对宽松、监管相对松懈的研究者发起的临床研究。"疟疾抗癌"目前已经在广州复大肿瘤医院、昆明昆钢医院、广州医科大学附属第一医院开展临床试验；"基因编辑婴儿"研究，按照临床试验管理中心的资料，是在深圳和美妇儿科医院开展的临床试验。几项研究都提供了医院内部的伦理委员会的批件（深圳和美妇儿科医院声称该批件是伪造的，自己并未参与该研究。这件事情的真相仍然有待查明）。

我们立刻会看到一个问题，研究者发起的临床研究，有一个基本的大前提：不能测试还没有上市、缺乏充足临床证据的新药，不能增加患者的健康风险。而陈小平也好，贺建奎也好，他们的测试对象，毫无疑问都是高风险的、未上市的，甚至缺乏必要性的方案。疟原虫注射会在癌症患者体内引发高热和全身性的炎症反应，而基因编辑可能在婴儿体内产生不可预测的基因"脱靶"效应。这样的临床研究方案，如果是按照企业发起的临床研究的形式，正式提交给国家监管机构审查，通过的概率是微乎其微的。

那这样的研究，为什么反而能够套上研究者发起的临床试验的形式，进行较为宽松的申请和注册？这样的研究，又为什么能够得到医院内部的伦理委员会的顺利批准并启动？是相关机构的内部伦理委员会缺乏必要的医学和伦理常识，还是什么原因让他们网开一面？

继续挖掘的话，这可能还涉及另一个制度设计：医疗产品开发过程中的双轨制。在我们国家，和世界主要国家一样，如果一个药厂试图开发一种全新的药物，它就需要遵循企业发起的临床试验的监管程序，提交申请给国家药监局，才能开展相应的临床研究，参与研究的人数多少、在哪家医院进行、进行多长时间、如何用药和检测效果，都有严格的指导。

但是有意思的地方是，如果这种药物不是常规的药片、胶囊或者注射针剂，而是一堆活生生的细胞——比如干细胞，比如人的胚胎细胞，比如陈小平用到的人体红细胞——那么药物开发者就还有另一个路径可以把它推向临床。那就是直接和医院的医生们合作，开展研究者发起的临床研究，这类研究只需要经过本单位的内部审查，在卫生部门备案，完全不需要通过药监局的监管。相对而言，对这类药物的管理要宽松很多。

平心而论，这种双轨制设计也有它的合理性：细胞制品本身确实具备双重身份，一方面，它肯定是一种药物，因为当它被生产出来用在人体内，它能够治疗特定疾病；另一方面，它又有点像一台手术，是一种需要医生在专门的机构中小心操作才能使用的医疗技术。因此，它到底是由药监部门来管理，还是由卫生部门来管理，还是需要两个部门共同管理，现实中确实有迂回的空间。

但是，如果双轨制管理产生了两个难度截然不同的出口，那问题就大了。你可以想象，同一种细胞产品，一家公司想要把它推向市场，需要完成大量的临床前研究，准备合格的生产基地，随后在药监局的管理下完成严格的临床试验证明其安全有效。而如果有某家医院想要快速将同一种产品推向应用，只需要院内组织审查就可以上马。那还会有多少人愿意走前面这条路呢？

我们是在给更多的贺建奎和陈小平开绿灯吗？

六

股神巴菲特有句名言，如果你在厨房看到一只蟑螂，那你的厨房里肯定不止这么一只。

陈小平和贺建奎，很可能并不是两个孤例。

查阅媒体的公开报道我们可以看到，通过研究者发起的临床试验这种形式，确确实实存在被滥用的可能。2018 年，中国出现了第一期针对癌症"CAR-T"疗法的诉讼案。一位晚期癌症患者在徐州二院接受 CAR-T 治疗后去世，家属将医院告上法庭。在这个案子中，医院正是以研究者发起的临床试验的形式，将尚未在中国批准上市的 CAR-T 疗法用于患者的治疗，并收取高额费用。据《21 世纪经济报道》记者的调查，采取类似操作的医院可能有上百家。著名的"魏则西"悲剧当中，当时接受的癌症 DC-CIK 疗法，也从未在中国获得上市许可。[8] 而在这些临床实践当中，隐含了大量的"伦理陷阱"。

我们还是拿陈小平和贺建奎事件做例子。不管是企业发起的还是研究者自行发起的临床研究，监管机构对临床试验的全流程是有严格的规定的。

为了防止研究者从自身利益出发、诱导缺乏医学知识的患者盲目入组接受临床试验，在招募临床试验受试者的时候，研究者不允许对这项临床试验进行任何诱导性的宣传，不允许隐

8　朱萍、武瑛港:《中国 CAR-T 治疗癌症首案:争议 CAR-T 药品、疗法属性》,2018 年 9 月 19 日《21 世纪经济报道》。

瞒可能存在的风险，同时必须清晰地给患者介绍可能存在的其他治疗方案，供患者在签署知情同意书的时候参考。

陈小平和贺建奎是怎么做的呢？陈小平直接将三个临床试验中心的联系人和手机号提供给了中科院 SELF 格致论道论坛，在公众号和微博上广为传播，把自己一场充满错误的公开演讲变成了招募受试者的手段。而"基因编辑婴儿"的伦理批件上，更是充满了"占据基因编辑产业制高点""超越诺贝尔奖的开创性研究""为无数重大疾病带来曙光"这样的广告性描述。这样的伦理审查实际上形同虚设。

当他们两位在人体试验中获得了部分的早期数据之后，发生了什么呢？他们选择了绕过学术界内部的同行评审程序，非常规地拿初步的研究结果向媒体和公众喊话。这之后又发生了什么呢？在贺建奎事件当中，各大媒体第一时间纷纷报道点赞，其中还不乏官方媒体。完全不顾及学术界正常的研究结果审查和发表流程，完全没有咨询领域内专家的意见。这样的媒体报道只会火上浇油，误导和欺骗更多缺乏专业知识的患者。

七

必须承认，医学实践是一个充满张力的领域，在这个领域里很难有一刀切的判断标准。科学和医学，人性和法律，存在难以避免的矛盾冲突。

任何一种全新疗法在大规模推广之前必须接受小规模的健康人和患者的测试验证，这些"吃螃蟹"的人很容易被外界看成是以身试药的"小白鼠"甚至是牺牲品。而反过来，如果没有这些早期小规模的测试环节，将一种全新疗法直接推向大众，可能蕴含更大的风险和危机。可是反对者仍然可以发问，难道为了更大人群的利益，小规模人群的风险就是理所当然的吗？

而在晚期癌症这类严重疾病的情形下，又多了一重来自患者的角力：很多走投无路的患者，会抱着"死马当作活马医"的侥幸心理尝试各种高风险方案，甚至是不知来历的各路偏方神药。各种欺骗癌症患者的骗局就此找到了生存空间。而更麻烦的是，如果阻止患者接受这些"套路"甚至骗局，往往还会遭遇一个根本无法回答的问题：万一有用呢？

可想而知，医疗监管政策的制定将注定在这几方的利益和希冀之间小心谨慎地游走，注定将始终面对来自每一方的不满和挑战。收得太紧，科学家和医生们自缚手脚，最终损害的仍然是患者和全体人民的利益；放得太开，机构肆无忌惮，那缺乏专业知识的患者们注定是一批又一批的小白鼠。

在我们国家，还存在一个更加现实的难题。中国正在积极发展现代生物技术产业和医疗产业，为了中国人民的健康和幸福，为了中国医疗相关产业的发展，我们的医学研究只能大步向前，没有故步自封、畏首畏尾的空间。如果管得太多太死，让企业和研究者没办法自由开展探索，那中国患者将长期陷入"我不是药神"式的苦难当中。

但是越是这种充满需要和希冀的时候，越是需要警惕"伦理陷阱"。就像走投无路的患者往往会选择病急乱投医一样，如果我们太过渴求新药、新发现和新产业机会，就难免会降低自我要求和行业要求，让各种投机分子乘虚而入。毕竟，在医学这个知识门槛很高，又很容易被患者情绪影响的行业里，一个心怀不轨的从业者和从业机构，想要操纵欺骗无辜的患者，实在是有太多可钻的空子了。因此，对来自境外的"伦理倾销"必须严厉谴责，从源头上遏制。与此同时，我们也要尽可能完善我们自己的监管措施，让中国医学不要成为"伦理陷阱"。

这件事当然并不容易。我也希望更多的专业人士，政策制定者、临床医生、医学监管机构负责人、科学家、媒体工作者、科普工作者，参与到这场讨论当中，帮助我们国家完善相关的监管政策。

我们任重而道远。但是为了所有人的健康和幸福，我们别无选择，必须上下求索。

第五章

基因、感觉和缸中之脑：人类智慧的物理边界在哪里？

双耳之间、头颅之内，区区 1.5 千克重的人类大脑孕育了独一无二的人类智慧。我们所有的情感，所有的经验，一切理性的根源，都在那里。

在很多时候，人们把针对人类大脑的研究，看作是整个科学世界里"最后的前沿"。

这句评价其实是在表达一种发自心底的敬畏：隐藏在人类大脑当中的秘密，可能需要无数人类科学家穷尽一生才能破解。而在这一天到来之前，我们永远不能说已经真正理解了自己。

在 2019 年春天，有三项和大脑有关的研究震动了国际学术界。它们的研究内容其实并不相近，但是却共同指向了一个相当玄妙的话题：人类智慧的边界。

我们先来看看这三项研究都是什么。

第一项研究来自中科院昆明动物所的宿兵研究员和他的团队，在恒河猴（一种微型灵长类动物）体内，转入了一个名为 MCPH1 的人类基因。研究者们发现，携带人类 MCPH1 基因的小猴子们，似乎呈现出了一定程度的"人类特征"。这种转基因猴子的大脑发育和人类一样较为迟缓，同时它们表现出了超过同类的学习记忆能力。[1]

第二项研究来自耶鲁大学，尼那德·塞斯坦（Nenad Sestan）实验室的科学家们声称，他们发明了一套名为 BrainEx 的人工生命支持系统。这套系统有点类似于外科手术里常用到的人工心脏，可以模拟血液循环，给大脑的血管泵入某种人工"血液"，为大脑提供氧气和营养。利用这套系统，他们能显著延缓猪脑的死亡过程，甚至，还能在猪脑死亡几小时之后，让它们重新显示出某些生存的迹象。[2]

第三项研究发表于 2019 年 2 月 28 日的美国《细胞》杂志，中国科技大学的薛天教授是这个研究项目的领导者。在这项研究中，科学家们制造了一种能够吸收红外光、发射可见光的纳米颗粒。如果把这种颗粒注射到小鼠的眼球内，它们会紧紧地贴在小鼠视网膜上，可以让小鼠"看"到红外线。换句话说，这项新技术让小鼠获得了前所未有的夜视能力。[3]

一个聪明猴子，一个猪脑复活，一个小鼠夜视，三项研究看起来风马牛不相及。但如果把它们放在一起分析，你会发现它们不约而同地在做同样一件事：挑战人类智慧已知的物理边界。

顺着这三项研究的路径继续推演，我们可以预期，人类智

1　Shi L et al, "Transgenic rhesus monkeys carrying the human MCPH1 gene copies show human-like neoteny of brain development," *Natl Sci Rev*, 2019.

2　Vrelja Z et al, "Restoration of brain circulation and cellular functions hours post-mortem," *Nature*, 2019.

3　Ma Y et al, "Mammalian Near-Infrared Image Vision through Injectable and Self-Powered Retinal Nanoantennae," *Cell*, 2019.

慧在未来世界，会有各种各样突破想象的表现形式。在这里，我就从这三项研究出发，和你好好聊聊人类智慧，聊聊人类智慧的边界，会以什么样的方式被突破。

一

咱们先说第一项研究。

来自中科院昆明动物所的科学家们发现，携带人类 MCPH1 基因的小猴子们，似乎呈现出了一定程度的"人类特征"。

比如说，如果衡量新生猴子大脑里神经细胞的数量、大脑皮层的厚度这些指标，这些猴子的大脑发育速度会显得更慢，但大脑发育持续的时间会变得更长，从原本的 200 多天延长到 370 多天。

这个现象相当有趣。因为我们知道一个反直觉的事实——大脑发育迟缓恰恰是人类的特征之一。人类的大脑在刚出生的时候功能是非常弱小的，连最简单的抬头、翻身、坐起都无法自主控制。和地球上绝大多数动物不同，人类大脑的急速发育和长大是在出生后完成的，而这个过程可以持续十几年的时间，一直到青春期才结束。整个过程要比我们的灵长类亲戚们长得多。发育迟缓可不一定是坏事。很多人认为，恰恰是迟缓而漫长的发育时间窗口，让人类可以拥有尺寸更大、可塑性更强的大脑，而人类智慧就藏身其中。

与此相对应的，这些转基因小猴子的脑功能似乎也表现出了那么点"优越性"。作为印证，研究者们训练这些猴子完成了一个简单的学习任务。让猴子们盯着一个显示屏看，屏幕上会有一个色块一闪而过。再过几秒钟，当触摸屏上同时出现两个彩色方块的时候，猴子们要用手指点击刚出现过的那种颜色。这个并不复杂的任务实质上就是考察猴子们的学习和短期记忆能力，猴子们本来就能完成得相当不错。不过，研究者们还是发现，转基因猴子作出正确选择的比例和速度，都要比其他猴子更加好一些——换句话说，这些猴子看起来学习和记忆能力都有些提高。

也正因为这两方面的证据，这项研究被世界各地的媒体冠以"人类基因让猴子更聪明"的标题广泛传播，甚至还引发了不少伦理方面的争议。比如就有美国的伦理学者在质疑，如果通过类似的操作，让猴子拥有了人类的智慧，那我们该怎么处理这些拟人的猴子呢？

但是平心而论我必须得说，这项研究远没有到让猴子接近人、变成人、上演"猩球崛起"的程度。

根据上面的描述你大概也能看到，植入了人类 MCPH1 基因的猴子，到底在多大程度上可以说有了点"人类特征"，其实是一个挺值得怀疑的问题。我们当然可以说大脑发育延迟是一个人类特征，也可以说发育延迟是人类大脑塑造的必要条件，但并不能说只要发育延迟就能拥有更强大脑。比如说，发育延迟也可以是某种大脑疾病。至于学习记忆能力的那么一丁点提高，是不是就能代表人类智慧，这也很牵强。在日常生活中，我们也不会简单粗暴地说，谁记性好谁就更聪明吧？那些真正能够代表人类智慧的特性，比如人类的自我意识、语言功能、同理心，等等，研究者们并没有进行分析。而更重要的是，这项研究在技术上是有明显漏洞的。严格说起来，这项研究其实压根没有证明这些变化——不管是发育延迟还是记忆能力提升，真的是由于植入了人类 MCPH1 基因引起的！

这句话听着可能有点绕，我来解释一下。

故事主角的 MCPH1 基因可不是人类特有的。这些转基因猴子，原本就携带了猴子版本的两个 MCPH1 基因。通过转基因操作，它们又拥有了数量不等的人类版本的 MCPH1 基因（根据论文的描述，在 2~9 个之间）。这也就是说，这些猴子大脑里的 MCPH1 数量远远高于正常猴子的 MCPH1 的数量；而且这些新转入的人类 MCPH1 基因，其活动性也被人为地调高了。

那么一个很可能的结果就是，MCPH1 基因数量和活动性在这些转基因猴子大脑中会显著变多。因此，猴脑发生的所有变化，都有可能仅仅是这种数量和活动性变化的结果，和这些基因到底是猴子的版本还是人的版本，其实毫无关系！因此，这项概念上非常吸引眼球的研究，具体的科学价值是非常有限的。真的想要证明人类版本的 MCPH1 基因是不是真的比猴子版本的更"智慧"，科学家们至少需要做一个更麻烦的实验——把猴子体内的 MCPH1 基因替换成人类版本的，而不仅仅是多放进去几个人类基因；至少需要做一些更麻烦的行为测试——比如猴子完成复杂决策任务的能力有没有提高，有没有萌发初步的自我意识，等等。

抛开这项研究的具体结果不提，这种研究方式值得我们好好探讨一下。让我们思考一下这几个问题：

1. 在人类的近亲灵长类动物体内，转入和人类智慧可能高度相关的人类基因，这件事会带来什么结果？

2. 我们有没有可能通过这样的操作，让猴子和猩猩们具备人类特有的某些能力，甚至是全部能力？

3. 这种操作如果真的可行的话，会不会彻底模糊人类和动物之间的界限？类似的操作是不是也可能用来提高人类的智慧水平？

二

这些问题，开始触及到了人类智慧的物理边界。什么是人类智慧的物理边界呢？人类智慧固然复杂难懂，但是它总归是需要一个实实在在的物质载体的：

● 它只能存在于人类特有的大脑结构当中。

● 它需要完整的人体循环系统，为它提供不间断的氧气和能量支持。

- 它需要人体的感觉系统，为它采集信息。
- 它也需要人体来执行它所发出的指令。

所有这些要素，构成了人类智慧的物质载体，人类智慧的物理边界。而在猴子体内操纵人类基因，有可能会突破这条边界。为什么这么说呢？

我们还是从 *MCPH1* 基因说起。

MCPH1 这个基因是干吗的呢？为什么研究者们会选中它作为研究对象呢？

其实你只要看看它的全名就能说明问题了：Microcephalin 1——小头基因 1 号。显然，这是一个和人类大脑的尺寸直接相关的基因。

早在 20 多年前人们就发现，人体当中如果缺乏这个基因，婴儿的大脑发育会受到严重影响，出现明显的小头症状，智力水平也会较为低下。反过来说，这个发现其实也就意味着人类的 *MCPH1* 基因对于人脑结构的正常发育是非常关键的。而人脑的结构和尺寸，与人类智慧之间，确实有着非常密切的关系。在过去 200 万年的时间里，从能人、直立人到智人，人类祖先的体型并没有发生巨大变化，但是脑容量却有超过两倍的提升（从大约 500 毫升到大约 1500 毫升）。与此同时，在这个漫长的演化历程中，*MCPH1* 基因的具体序列也在被进化持续地筛选和优化着。

结合所有这些信息，一个可能的推测就是，人类版本的

MCPH1 基因参与决定了人类大脑的结构和尺寸，也就构成了智慧的基因边界。因此，如果让猴子和猩猩们也拥有人类版本的 *MCPH1* 基因，是不是确实有可能让它们在智力层面上更"拟人"呢？

当然我们已经讨论过，给猴子装一个人类版本的 *MCPH1* 基因，"拟人"效果看起来还是非常微弱的。实际上，尽管猴脑的发育确实像人脑一样放慢了，但研究者最期待的一个结果——转基因猴脑的最终尺寸变大，甚至变得像人这么大——压根没有出现。

但是，我们如果顺着这个思路继续开展研究呢？你肯定能想象，*MCPH1* 肯定不是唯一一个影响人类智慧的基因。我们应该还可以找到成百上千的、和人类智慧高度相关的基因。说到底，这些基因的筛选标准其实就两条：

● 和 *MCPH1* 基因一样，这个基因出现问题，人类智力的某些方面就会受到严重影响。
● 和*MCPH1*基因一样，这个基因在人类演化历史上曾经被持续地选择和富集。

按照这个标准筛选，除了 *MCPH1* 基因之外，一个可能更著名的例子是 *FOXP2* 基因。*FOXP2* 基因如果出现缺陷，人类会出现严重的口吃，甚至完全丧失语言能力，运用语法的能力也会大大下降。与此同时，*FOXP2* 基因在人类过去数百万年的演化史上也是被持续筛选的。[4] 因此，和 *MCPH1* 基因一样，*FOXP2* 基因也被看作是人类智慧的基因边界之一。

那么一个显而易见的可能性就是，如果找到越来越多的人类智慧基因，比如 *MCPH1* 和 *FOXP2*，然后逐渐把越来越多的人类智慧基因转入猴子体内，那猴子会不会逐渐具备越来越多的拟人特征，最终表现出可见的，甚至是完整的人类智慧特征？

这件事听起来似乎非常疯狂，但在逻辑上是完全成立的！我们可以作一个简单的推演：给猴子体内转入一个人类特有的基因（比如 *MCPH1* 或 *FOXP2* 基因），大概率不会引起任何革命性的变化。但是如果给猴子体内同时转入人类的两万多个基因，同时把猴子原本的基因去除，那技术上其实就相当于重新制造了一个人，它当然会呈现出鲜明的人类特征。那么一个合理的推测就是，如果给猴子体内植入 X 个人类基因——而且这个 X 一定处在 1~20000 之间——我们就会在猴子身上看到明确的人类智慧特征。更要命的是，这个 X 很可能不是一个固定不变的数字！

理由很简单，即便是在人类世界当中，所谓人类智慧的表现也当然不是千篇一律的。就像你在真实世界中早已习以为常的那样，不管是说话、写字、学习记忆、使用工具，还是表达同情，不同人类个体的能力千差万别。既然如此，我们又该怎样判断，转入多少个基因会让猴子开始出现人类特征呢？如果

---

4 Konopka G et al, "Human-specific transcriptional regulation of CNS development genes by FOXP2," *Nature*, 2009.

转入 100 个会比较危险,那转入 99 个难道就是绝对安全的吗?我们又怎么判断,一只可怜的转基因猴子到底像不像人,甚至是不是人呢?是从它学会和饲养员捉迷藏开始算,还是要等到它开口说"你快把我从这个该死的笼子里放出去"的那一刻呢?

相信这些问题已经让你非常头疼了吧?但我还必须警告你,在我们逐渐揭示人类智慧秘密的过程中,这样的问题还会反复和持续地出现!伴随着生物技术的进化,人类智慧的边界会越来越受到挑战,人类智慧的表现形式可能会越来越多,越来越"科幻"。

三

能有多科幻呢?先把聪明猴子的研究暂且放下,我们来看看第二项研究。

如果说咱们刚刚讨论的聪明猴子的研究,是在突破人类智慧的基因边界。那这里要说的第二项研究,就是在挑战人类智慧的存活边界和交互边界。

2019 年 4 月 17 日,英国《自然》杂志发表了一篇试图"复活大脑"的学术论文。在论文中,来自耶鲁大学的科学家们声称,利用一套精密的人工生命支持系统,他们能在猪被屠宰死亡几小时之后,让它们的大脑重新活过来。

具体来说,他们设计的这套名为 BrainEx 的生命支持系统,有点类似于外科手术里常用到的人工心脏，可以给大脑的血管泵入某种人工"血液"。这种人工血液里没有红细胞、白细胞和血小板，但是有能够运输氧气的血红蛋白，有大脑所需的营养成分，也有一大堆起到细胞保护作用的成分。不仅如此，这套 BrainEx 系统还密切监控和调节人工血液的血压、流动速度、氧气含量、温度等要素，尽可能地模拟出血液循环系统的特征。

在实验中，研究者们把已经死亡了四小时的猪脑接入 BrainEx 系统。结果他们发现，就算再过六小时，猪脑的"血液"循环、大脑的整体结构、神经细胞的形态都仍然得到了很好的保全。相比之下，死亡十小时的猪脑早已经是一滩烂泥。与此同时，BrainEx 系统支持下的猪脑甚至还表现出了一些生命活动的迹象，比如大脑仍然能对有毒物质产生强烈的免疫反应，仍然有比较明显的新陈代谢活动，大脑中的神经细胞仍然能够放电，等等。总而言之，这些猪脑的状态要远远好于死亡十小时以后的正常猪脑；甚至，某些方面还要好于实验开始时、死亡四小时的猪脑。

也就是说，这套 BrainEx 系统，看起来不光能延缓大脑的彻底死亡，甚至还能让已经死亡的大脑部分"复活"。

当然了，你可能最关心的问题是，这些猪脑是不是真的"活动"起来，能产生情绪、回忆乃至智慧。很遗憾，BrainEx 似乎还没有做到这一步——这些猪脑没有表现出任何脑电波活动。换句话说，至少在现行的法律条文和医学实践层面（当然是人类世界的），这些猪脑仍然是 100% 的脑死亡状态。因此从这个意义上说，很多媒体用"死而复生"或者"成功复活"来描述这项研究，那肯定是夸大其词了。但是，让这些死猪脑恢复某些高级功能，也不是完全不可以想象的。

提供一个容易被忽略的细节信息吧。研究者们在做这项研究的时候，其实已经准备好了这样的一套行动预案：如果在研究中发现猪脑开始出现脑电波活动，就会立刻给它们注射大剂量的麻醉剂，避免这些可怜的猪脑清醒过来以后陷入亘古未有的疯狂体验当中。你看，连科学家自己，其实都已经做好了猪脑真的重新开始活动、重新思考的准备！

还有，这项研究中用到的毕竟是已经死亡了足足四小时的猪脑。如果使用新鲜出"颅"的猪脑，BrainEx 会不会让它们继续活动很长一段时间？如果调整 BrainEx 用到的人工血液成分，更好地激发神经细胞的活动，或者用电击之类的抢救患者的办法抢救一下这些猪脑，我们会不会让猪脑重新活动起来？

这些问题在这项研究里并未涉及。我无法猜测研究者们的具体考虑是什么——毕竟这些实验操作并不复杂，也不难想到。也许他们是为了在这个阶段避免更多的伦理争议，也许他们其实尝试了这些操作但并未成功，也许他们想把更科幻的研究留到下一篇论文……不管怎样，因为缺乏真正的脑电波活动，这项研究的科学价值实际上也要打一个大大的折扣。毕竟一个真正活动的大脑和一个仅仅有点生命迹象的大脑，意义还是有天壤之别的。

但是和聪明猴子的研究类似的地方在于，抛开研究成果，我们更应该关注的是其研究路线。

猪脑复活的研究，同样在挑战人类智慧的物理边界。具体点说，直到今天，人类智慧这种东西，都还只能存在于一个完整的大活人的脑袋里。但是这条边界能被突破吗？

我们一般认为，人类智慧只能存在于一个活人体内。如果这个人被宣告死亡，他所承载的智慧也就烟消云散，而且再无重生之日。这种理解当然是有它背后的医学逻辑的。人脑是一个高度发达，但又是高度脆弱的器官。一旦血液循环停止，大脑得不到及时的氧气和能量供应，只需要几分钟就会引起永久性的脑损伤乃至脑死亡。

因此，一个还活着的人本身，构成了人类智慧的存活边界。而 BrainEx 这套系统的出现，挑战了人类智慧的存活边界。

存活和死亡的定义就首先出了问题。你看，即便已经死了四小时，猪脑的死亡过程居然仍然能够被显著地延缓甚至是逆转。那我们该如何定义大脑的存活和死亡？我们还能不能找到一个清晰的时间点，让医生们可以正式宣告一个人的死亡？如果对死亡的判断标准出了问题，那把死者的器官移植给活人用，到底是救死扶伤还是故意杀人呢？

同时，只要稍加延伸你就会看到，BrainEx 系统可能还会挑战人类智慧的交互边界——也就是人脑接受感觉输入、产生行动输出的界面。

这是一个更加科幻的麻烦。

早在 20 世纪中叶，哲学家普特南（Hilary Putnam）就提出了著名的"缸中之脑"的思想实验。他提了这样一个问题：如果我们把一个大脑解剖出来，泡在营养液里让它继续生存，然后用微型电极把大脑所需的输入、输出直接写入和读取，那这颗大脑是不是会以为自己仍然在正常生活？

如果回答是肯定的，那我们人类自己呢？我们是真的生活在一个真实世界里吗？还是说其实我们都是一颗颗泡在培养液里的大脑，我们所有的生活体验都是一个更高级的生命体用电极输入给我们的？

著名的科幻电影《黑客帝国》，其实就是构建在这个思想实验之上的。在影片里，所谓的真实人类世界早已不复存在，更高级别的智能 Matrix 通过一根电缆把虚拟世界输入到每个人类的大脑当中，让我们以为我们自己仍然在幸福地生活。

当然了，长期以来，"缸中之脑"只是一个纯粹的思想实验和科幻设定。但是 BrainEx 系统证明，这个设想不是完全不可能实现的！也许未来，更强大的生命支持系统会让猪脑乃至人脑在体外长期生存和活动。

与此同时，给大脑输入输出信号的系统也不是纯粹的幻想。实际上科学家们已经发明了一些简单的脑机交互系统，能够直接利用电信号将外界环境信息输入大脑，也能够直接读取大脑电信号，将其翻译成某种具体的输出。

我们先来看看输出端。

其实通过读取脑电波信号，让瘫痪患者直接操纵机器手的运动，帮助他们拿水杯、拿苹果，甚至玩一把石头剪刀布，都已经是一项有几十年历史的技术了。就在 2019 年 4 月，美国加州大学旧金山分校的一群科学家，能够读取人脑皮层的电信号，将其对应到人体发声器官的微小动作，然后再解读出这些动作代表的词汇和句子。这样一来，他们就可以用电子发声器代替人类来说话了！ [5]

复活猪脑的研究和电子发声器的研究结合起来，你能不能设想到一个浸泡在培养液里，但是仍然能够发号施令的大脑？人类智慧的存活边界和交互边界，正在变得越来越模糊。

四

当然了，真的要突破传统的交互边界，输入端的意义要更大。相比人脑所能做出的输出（行为、动作、语言），人脑需要的感觉输入要更加复杂和多样，这些丰富的信息是大脑运算的基础。

操纵大脑输入端的一个著名例子是人工耳蜗，它能让失聪者重新听到声音。这套装置能够通过麦克风采集声音，将声音转换为某种电信号，直接输入听觉神经当中，彻底绕过"耳朵—耳道—鼓膜—耳蜗"这一整套天然的声音采集装置，让人脑"听"到声音。但人工耳蜗也只能说是修复已有的输入系统，还谈不

5　Anumanchipalli GK et al, "Speech synthesis from neural decoding of spoken sentences," *Nature*, 2019.

上拓展。

这就要说到我们前面提到的第三项研究了。这项关于小鼠夜视能力的研究，其实就是在智慧的交互边界上做文章。而且和人工耳蜗这样试图修复已有输入系统的工作不同，它是在试图从无到有地创造一种全新的大脑输入系统。

我们先来看看这项研究具体做了什么。我们知道人的眼睛是有丰富的色彩感觉的。我们能看到的颜色谱，其实大致就是彩虹的颜色：红橙黄绿青蓝紫。或者用更科学的描述方法，比如，人的眼睛，只是对波长在 400 纳米到 700 纳米之间的电磁波能够产生反应。电磁波的波长再略微长一些，就是人的眼睛看不到的红外线（波长在 700 纳米到 1 毫米之间），再长一点就到了通常所说的微波（波长 1 毫米到 1 米）和无线电波（波长超过 1 米）的范围。短一点，就会进入紫外线（波长 10 纳米到 400 纳米）、X 射线（0.01 纳米到 10 纳米）以及伽马射线（波长小于 0.01 纳米）的范围。人的眼睛是看不见这些电磁波的。

因此，相比异常丰富的电磁波频谱，人类的眼睛能看到的东西是非常有限的。

当然绝大多数时候，这其实也不是什么问题。在漫长的进化史上，地球生命出现了对色彩的感觉，是为了帮助生物适应环境、生存繁衍，可不是为了秀视力优越性的。在白天，地球上可能所有的物体都会在可见光的波段反射阳光，人类的眼睛足以让我们看清楚绿叶当中的鲜红水果，看清楚草原远方的狮子和猎豹。实际上，绝大多数的哺乳动物其实色彩感觉都还不如人类呢，不也都活得挺好？

但是有一个小小的例外。那就是夜视能力。这个能力有多重要应该不需要我多说。太阳落山以后的夜晚，地球生物圈失去了最重要的光源，视觉系统几乎就成了摆设。即便有一些夜行动物能够通过更大的眼球、更敏感的视网膜感光细胞来看清一点点东西，但是，它们这种能力仍然是依赖可见光（比如月光、星光）的照射的。在完全黑暗的地方，就是猫头鹰和猫的眼睛也毫无用武之地。也有不少动物发展出了强大的嗅觉系统来帮助它们在黑暗当中定位食物和天敌，但是嗅觉系统的精细分辨能力远远不能和视觉系统相提并论。

但是即便在完全黑暗的地方也不是没有光的！根据基本的物理学原理，我们知道只要一个物体的表面温度高于绝对零度它就一定会发射电磁波——也就是光。只不过对于地球生物而言，它们的体温发出的电磁波远远地落在了红外线的波长范围内罢了（一个简单的估算是，想要发出人眼能够看到的 700 纳米波长的电磁波，物体表面温度需要接近 4000 摄氏度！）。

这其实反过来说明了一件事：如果在漫长的进化史上有一种动物进化出了红外线视觉，那么它将获得巨大的生存优势：无论多么漆黑的夜晚它们都可以准确地捕捉到食物，敏锐地逃避天敌。整个地球生物圈不分白天黑夜，都是它们的舞台。

但是这样的生物却从未出现。实际上在 2011 年，美国约翰霍普金斯大学的科学家们就推断，动物眼睛里负责感光的蛋白质（叫作视蛋白），从理论上就完全不可能进化出检测红外线的能力。事实上，现在自然界所有已知的视蛋白没有一个能感受近红外光。[6]

夜视能力这条路，早就被进化判了死刑。当然了，人类还是想出了办法，那就是我们经常会提到的夜视仪和热成像眼镜。

这两种工具都是通过红外线来帮助我们在漆黑的夜晚看到东西的，但是它们的原理并不相同。夜视仪本质上就是一个能采集红外线的摄像机，在夜晚使用的时候，人可以拿一个红外线手电筒四处照（一般而言波长在700~2500纳米范围，又被称为近红外线），反射回来的红外线进入夜视仪，就能被拍摄下来。因为所有动物都看不到近红外线，这种机器就能在人和动物毫无察觉的时候窥探到他们。BBC拍摄的不少夜行动物纪录片都用上了这个工具。

而热成像眼镜使用起来更简单，连红外线手电筒都省了。这种工具采集的是地球生物的体温所发射出来的红外线（波长在10微米左右，又被称为远红外线）。各国军队经常在战场上配发这种工具，方便士兵们在夜间行动。当然这种工具也有它的问题，因为远红外线的波长太长，会有难以避免的衍射效应，图像的分辨率都不会太高。

从某种程度上说，夜视仪和热成像眼镜，其实都是对人脑固有的感觉输入系统的一种拓展。既然进化给了我们黑色的眼睛，我们就自己发明工具，去夜晚寻找光明。

6　Luo DG et al, "Activation of visual pigments by light and heat," *Science*, 2011.

但是工具毕竟是工具，我们有没有办法通过生物学改造，让人直接拥有夜视能力呢？

薛天教授领衔的这项研究，正是为了回答这个问题。

科学家们制造了一种直径大约 40 纳米的微小颗粒，这种纳米材料的特性在于能够吸收和发射光，如果用 980 纳米波长的近红外线照射这些颗粒，它们就能发射出 535 纳米波长的绿色光波来。

科学家们把这种纳米颗粒连接在一种特殊的蛋白质分子上，注射到小鼠的眼球内。这时候，这种特殊的蛋白质分子就会寻找到视网膜感光细胞，并且牵引着纳米颗粒紧紧吸附在视网膜感光细胞的表面上。一旦有近红外光穿过眼球照射进来，它们就可以产生绿色的光，这样一来，理论上说哪怕是在完全漆黑的环境里，只要提供 980 纳米波长的近红外线照明，老鼠就会很自然地"看"到光、看清周围的环境——当然，这个环境里能看见的东西全部都是绿色的。在研究论文中，科学家们也通过各种各样的行为测试，证明了小鼠确实能够清楚地"看"到近红外光组成的图像。

相信你已经看到了，从技术路线上说，这项研究是为了改造小鼠的视觉系统，模拟出刚才咱们提到的夜视仪的效果。这套仿生系统使用起来当然要比笨重的夜视仪方便多了，不需要电池也不用怕损坏。更有意思的是，这套系统允许我们做各种各样的个性化设计。理论上说，只需要改变纳米材料的设计，就能制造出不同的光转换效果来——你想在夜晚看到绿色还是蓝色悉听尊便。还有，通过调节纳米材料的设计，科学家们应该也可以控制它们在眼球中工作的时间——从一晚有效到终身有效，可能都不是难事。

这项研究的含义，其实可以拓展到其他很多感觉系统当中。比如说我们知道人类听觉系统的收音范围是 20~20000 赫兹。频率低于这个范围的次声波，和高于这个范围的超声波，人类是听不到的——但是像蝙蝠、长颈鹿、蓝鲸这些动物却可以。我们有没有可能微调一下耳朵当中的听觉感受器，让人能直接听到它们的叫声？人类的鼻子里有大约 400 个不同的嗅觉感受器，而老鼠则有超过 1500 个。我们有没有可能给人增加更多的嗅觉感受器，让我们可以仅用鼻子就能轻松地分辨每一个亲人朋友？

甚至，在拓展现有系统之外，有没有可能用类似的手段，为人脑植入全新的感觉系统呢？比如鸽子能够检测到微弱的地磁场方向，用来长途飞行。电鳗能够通过发射并且接收水中电场来彼此交流。这些系统有没有可能被迁移到人脑的输入接口上去？

实际上我们已经在讨论一个我们的人脑根本无法想象的感觉空间了：我们还能勉强类比夜视仪，想象一下红外线视觉大概的样子，但是次声波的世界是什么样？超声波能写出交响乐吗？磁力线穿过大脑的感觉又是什么样？这一切，我们都无从猜测。但这，恰恰是改造人脑交互系统的美妙之处。在一个全新的感官世界中，我们的智慧是不是又能找到全新的舞台？

五

说到这里，相信你已经看到，聪明猴子、复活猪脑、小鼠夜视，这三项看起来风马牛不相及的研究，正在从不同的侧面挑战人类智慧的边界。

我们不妨再次总结一下我们前面涉及的人类智慧边界：

● 基因边界：人类特有的基因，决定了人脑特殊的形态、功能和人类智慧的存在。

● 存活边界：人体的生命支持系统，保证人脑的健康生存和人类智慧的活动。

● 交互边界：人体的感觉系统为人类智慧提供信息，人体的运动系统则执行人类智慧的决定。

而聪明猴子、复活猪脑和小鼠夜视的研究，正在同时挑战上述三重边界。

用历史眼光审视，在更长远的未来，我们可以预期的是，人类智慧一定会逐渐突破生物演化历史形成的物理边界，以更丰富、更不可思议的形式呈现出来。

当然了，其实真要较真的话，拓展智慧边界倒是没什么可大惊小怪的。从某种程度上说，各种智能设备，特别是和现代人形影不离的智能手机，早就在拓展人类智慧的边界了。你看，用地图软件指路，你可以看成是我们人脑长出了一套和鸽子一样的精确定位系统；用翻译软件交流，就像是我们人脑安装了一套全新的语义识别外挂；用维基百科查资料，不就像是人工拓展了我们大脑皮层的记忆储备吗？

但是智慧拓展这件事，如果发生在生物学层面上，意义仍然是极其重大的。因为它会把本来比较模糊的"人类智慧"拆解成一个个具体的指标，落实到一个个微观的边界条件，然后试图给人类智慧重新划界。这样一来，人类智慧是什么，人是什么，就没有了非黑即白的判断标准。我们在张开双臂欢迎人类智慧的无限可能的同时，可能也不得不面对发生在边界地区的一大堆麻烦。

无限可能我们留在最后讲。在这儿，我们多说说麻烦。

麻烦可能发生在基因边界上。如果给猴子转入一个或者更多的人类基因，能让猴子具备某些人类特征，那这样的猴子是不是应该拥有人类专属的权利——比如生存、自由，乃至受教育和选举权？反过来，如果一些人类个体因为遗传缺陷失去了这些基因，是不是就不再是人，不再享有这些权利了？还有，如果一些人类基因能让猴子在学习记忆和情绪情感问题上接近人，但是逻辑思维和自我认知问题还不行；而另一些基因恰恰相反，那这些猴子都算人，还是都不算人，还是算部分的人？这些基因出现了缺陷的人又怎么算呢？

类似的麻烦当然也存在于人类智慧的存活边界上。这个问题刚才咱们已经涉及一点点了。如果人脑的死亡是迟缓的，甚至是可逆的，那人死了到底要等多久做器官捐献才能免于故意杀人的嫌疑？这个问题还没完，因为 BrainEx 的研究提示了一个更加复杂的可能性：也许大脑各种功能的丧失不是完全同步的，可能神经活动消失了，代谢活动还在，可能免疫功能消失了，感觉功能还在。那到底哪个功能可以作为判断依据，肯定会成为行业内长期争论的问题。

而最高级的麻烦，当然会出现在人类智慧的交互边界上。如果人脑的感知觉范围被大大拓展，甚至能够感知到全新的感觉输入，我们大脑里的世界图景会是什么样？这些信息输入会在我们大脑里奏响美妙的和声，还是掀起一阵狂野的波浪？更有甚者，如果输入的不是感官刺激，而是智力体验，那又会如何？

原本人类的各种体验——从吃到美食之后的大快朵颐到性爱当中的翻云覆雨，从克服困难以后的心满意足到自我实现之后的志得意满——都可以通过人工系统直接输入，那生存的目的到底是什么？你想啊，无论如何，在现实世界里吭哧吭哧地打拼，收获巅峰体验的速度绝对比不上人工交互系统。人类也因此发明了宗教，发明了毒品，发明了各种让人上瘾的电子游戏，发明了 VR 眼镜。在未来某一天，人类赚够了钱以后，缸中之脑会不会成为每个人梦寐以求的最终目的地？

我相信，这些潜在的麻烦会让每个善于思考的人头皮发麻。这其实也是为什么，这两项研究尽管在技术层面上的进展并不大，但在公开发表之后仍旧引发了大量的争议和讨论。基于这些麻烦，也许一个理性的态度是，在拥抱未来可能性的同时，当下的我们首先需要想一想该怎么接近这种未来。

　　　　　　　　　　　　　巡山报告

什么能做？什么不能做？什么问题现在就该积极推进？什么问题最好留待后人探索？

我就用聪明猴子和猪脑复活的研究作例子，做一点具体的讨论。

刚才咱们讨论过一个细节：猪脑复活项目的研究者在实验中准备了一套预案，一旦发现猪脑出现脑电波活动，就立刻注射麻醉剂让它重新"昏死过去"。我认为这就是一种负责任的态度。

在现在，我们当然可以深入研究到底怎么才能让一颗大脑在离开身体的时候长时间存活，甚至逆转其死亡。但既然我们现在还没有足够的精神和制度准备，接受一颗在培养液里自然苏醒、面对黑暗世界痛不欲生的"活动"大脑，那干脆在技术上做好防范，先不要让这样的场景有任何出现的可能。相比之下，我个人的看法是，聪明猴子的研究，可能就缺乏这方面的严肃考虑。

当然我们可能都同意，人类智慧的基因边界是一个重要的、需要好好研究的科学问题，而研究这个问题可能也确实离不开制作转基因猴。当然我们可能也同意，从技术上讲，引入人类 MCPH1 基因就让猴子表现出人类特征的可能性微乎其微。但是这方面的准备，却不应该因此被忽略。一个简单的事实是，因为咱们刚才讨论过的一些技术问题，这项聪明猴子研究本身的科学价值是很有限的。它并不能帮助我们理解人类版本的 MCPH1 基因，到底在促进大脑发育、提高智力水平等方面究竟有什么用处。既然如此，特别是考虑到可能的麻烦，我的看法是这项研究根本没有做的必要。退一万步说，如果我们真的必须做这项研究，那至少也需要更好的实验设计，比如需要排除 *MCPH1* 基因的数量和活动性对结果的干扰，比如需要做更多的和人类智慧特征直接相关的行为分析，等等。

六

　　人类智慧，这是一个天然带有神秘色彩的话题。我们经常会说，相比地球上其他所有生物，相比我们的灵长类亲戚，人类拥有独一无二的智慧。这种能力让我们在短短一万年的时间里摆脱了纯粹自然状态的生存，建立了文明，创造了科学和艺术。但在几千年的追寻之后，人类智慧的内涵仍然远超人类的理解，很难用几句话来清楚界定和客观描述。

　　更重要的是，在我们对智慧本质一无所知的时候，我们尽可以骄傲地认定人类智慧是多么神圣，和其他动物相比是多么与众不同。但是当我们真的理解到一点点智慧的物理边界——比如说基因边界、存活边界和交互边界的时候，我们马上会发现，其实从其他动物到人，从人到未来五花八门的智能体，这条边界的变化一定是连续的、没有黑白分明的界限的。我们可能不得不承认，人类智慧本身就有着巨大的可塑性和拓展性。

　　而我们在搞清楚这些问题的过程中，摸索边界和突破边界，是天然无法分割的两件事——因为很多时候不往前一步突破边界，我们根本无法意识到脚下其实就是边界！这也就意味着，人类智慧的物理边界将持续地被理清、被突破。我们在未来，会遇见人类智慧的各种各样的全新形态。

你不妨放飞一下自己的想象力，想象一下伴随人类智慧边界的拓展，我们会看到什么：也许是真正善解人意的伴侣动物，也许是拟人化的人工智能，也许是给大脑更换更健康的身体，甚至是人脑的独立生存、脑机联网、人脑联网，等等。

到了那个时候，你一定会觉得今天咱们讨论的几项研究实在是太粗糙、太简单了，甚至是太缺乏考虑了，这些都有可能。但这几项研究也提供了一个很好的机会，让我们一起看到了人类未来的无限可能，看到了可能会随之出现的麻烦和争议。也许今天的这些讨论，会帮助你看清我们会迎接一个怎样的未来。

第六章

30年来首款抗抑郁新药：精神疾病研究的历史轮回

人类智慧固然神秘和强大，但和世间所有复杂而精巧的东西一样，也会冒出各种各样的麻烦和问题。它们有的伴随着肉眼可见的器官伤害，比如脑外伤和中风；有的大脑看起来完好无损，却无法正常发挥功能，比如抑郁、焦虑、失眠等各种情绪情感疾病。有的和大脑早期发育密切相关，比如发育迟缓；而有的则和衰老密切相关，比如阿尔茨海默症和帕金森症这样的神经退行性疾病。有的被外来毒素侵入导致，比如吸毒和酒精成瘾；而有的则和人体自身细胞的特性相关，比如各种脑部肿瘤。

由于人脑的极端复杂和脆弱，和人脑有关的疾病往往非常棘手。很多疾病别说有效治疗，就连基本的诊断方法都非常欠缺。甚至很多时候，治疗人脑相关的疾病，往往还得付出损伤人脑功能——也就是人类智慧——的重大代价。

如果说理解人类智慧是人类科学最后的前沿，那我觉得，治疗人脑疾病，可能会是人类医学最后的前沿。

咱们现在讲的这个故事，和抑郁症有关。你肯定听说过抑郁症。这种可能会严重影响情绪的精神疾病，影响了全世界超过 3.5 亿患者。抑郁症患者当中，有很多你耳熟能详的名人：林肯，丘吉尔，海明威，川端康成，戴安娜王妃，柏杨，三毛，张国荣……其中有些人还因此自杀离世。实际上，每年全世界都有超过 100 万人因抑郁症自杀身亡。

和很多人类疾病不同的是，抑郁症这样没有明显器官病变的精神疾病，长期被人类所忽视、误解，甚至是污名化。这严重影响了抑郁症患者的诊断和治疗。直到今天，全世界只有一半左右的患者接受过有效的治疗，在咱们中国，这个比例甚至不到 20%。而对于那些在积极寻求治疗的患者来说，仍然有巨大的障碍在等待他们：人类至今发明的抑郁症治疗手段，实在是太有限了！传统的治疗方案无非是心理治疗和药物治疗——而抑郁症药物的进展，在过去半个世纪里只能说差强人意。

2019 年 3 月 5 日，美国食品药品监督管理局（FDA）正式批准了美国强生公司的一款新药 Spravato。这款鼻喷雾型的抗抑郁新药，结合口服抗抑郁药使用，可以用来治疗顽固的耐药型抑郁症患者——也就是尝试过至少两种抗抑郁药治疗但没有明显作用的患者。[1]

对于全世界饱受抑郁症困扰的 3.5 亿患者来说，这种药物的上市有着重要的历史意义：在著名的抗抑郁药百优解（Prozac）1987 年上市之后的三十多年来，Spravato 是第一款拥有全新治疗机制的抗抑郁新药，丰富了人类对抗精神疾病的武器储备。

相比传统的抗抑郁药，Spravato 最显著的优点是起效快：使

1　"FDA approves new nasal spray medication for treatment-resistant depression; available only at a certified doctor's office or clinic," FDA.gov, 2019.

用数小时之内就有显著的抗抑郁效果，甚至有研究显示，用药40分钟内就会显著降低抑郁症患者的自杀倾向，而传统的口服抗抑郁药往往需要几周时间才能体现出治疗效果。但 Spravato 的短板也非常明显。它的长期抗抑郁效果仍然有待进一步的观察和研究，还可能引发诸如幻觉、认知障碍、药物成瘾在内的副作用。

因此，FDA 在批准 Spravato 上市时也附加了一些限制条件，特别是要求患者必须在认证过的医疗机构中、在医生监督下使用这种药物，留观 2 小时之后才可以离开，这当然大大增加了这种药物的推广难度。但无论如何，强生公司仍然对旗下这款新药寄予厚望，预测它在上市后的峰值销售额有望超过每年 10 亿美元。

这种新药目前还未在国内上市。但是强生公司已经于 2018 年 5 月在国内开展了三期临床试验，这也意味着如果一切顺利，Spravato 可能会在未来几年内登陆国内市场。借 Spravato 上市的契机，我来和你一起梳理这种药物的开发上市历程，以及人类对抗精神疾病的历史和未来。

必须得说，这款药物的研发和上市过程本身就非常有看点。梳理历史脉络，我们也能看到医药市场上科学、医学和商业利益的激烈博弈过程。

严格来说，Spravato 其实不能被称作一款完完全全的"新"药。这种药物当中的有效成分是一种小分子化学物质——右旋氯胺酮。而它则脱胎于一种拥有悠久历史和传奇色彩的老药——氯胺酮。

你可能不熟悉氯胺酮这个名字，但是它有一个大名鼎鼎的绰号，你八成听说过——"K粉"。

这是一种在地下娱乐场所被广泛使用的迷幻药。在咱们中国，氯胺酮被纳入第一类精神药品目录，其生产、流通和使用都受到严格的管制。而氯胺酮的地下生产、销售链条、聚众吸食，都是我国禁毒工作的重点打击对象。

这种毒品，怎么会和抗抑郁药联系上的呢？

说来话长。20世纪60年代，一位美国科学家帕克·戴维斯（Parke Davis）合成了氯胺酮这种化学物质，并很快发现它有很强的止痛、镇静和麻醉的功效。作为快速起效的麻醉剂，氯胺酮在1970年正式上市，并且很快在越南战争的战场上大显神通。一直到今天，氯胺酮作为一种廉价、安全而且好用的麻醉剂，仍被世界卫生组织列入基本药物清单，广泛地用于紧急抢救和外科手术。[2]

但差不多与此同时，世界各地的地下文化圈也发掘出了氯

---

2 Mion G, "History of anaesthesia: the ketamine story-past, present, and future," *Eur J Anaesthesiol*, 2017.

胺酮的"妙用"。他们发现，吸食或者注射氯胺酮能够产生强烈的"灵魂离体"的幻觉和欣快感。因此从 20 世纪 70 年代起，这种药物也慢慢成了年轻人聚会狂欢时的危险"佐料"，在全世界流行开来。

其实这也并不让人特别惊讶。不少臭名昭著的毒品，比如海洛因、可卡因、冰毒，在成为毒品、危害人间之前，都曾经被当作麻醉剂和止痛药物使用。说到底，当一种化学物质作用于人类大脑、人为改变人脑的工作状态的时候，治病救人的药物和谋财害命的毒品，很多时候确实只有一线之隔。

请注意这一点。你很快会看到，这一特性也可能会对新药 Spravato 的命运产生深刻的影响。

到了 21 世纪初，氯胺酮的身份又经历了第二次大反转。

氯胺酮对情绪的改善作用慢慢被抑郁症的研究者们关注到。2000 年，美国科学家给几位抑郁症患者静脉注射了低剂量的氯胺酮之后，发现他们的抑郁症指标和自杀倾向都有了显著而且快速的好转。[3] 以此为开端，在麻醉剂和毒品这两重身份之外，氯胺酮又开始拥有了第三种身份：强力抗抑郁药。

在过去的十几年中，越来越多的临床研究反复证明了氯胺酮的这个新功能。也开始有越来越多的精神科医生，"偷偷摸摸"地使用氯胺酮给抑郁症患者治病（这种行为还有个正式名称，叫作药物的非标识使用，off-label use）。我之所以说偷偷摸

---

3 Berman RM et al, "Antidepressant effects of ketamine in depressed patients," *Biol Psychiatry*, 2000.

摸，是因为一直到今天，氯胺酮官方认证的身份，都还仅仅只是麻醉剂而已。

这样当然不是长久之计。作为麻醉剂使用的氯胺酮，剂量要更高，所以精神科医生们还得小心稀释以后才能给抑郁症患者使用；还有，既然是"偷偷摸摸"使用，万一出了什么问题，医生可能还免不了被患者直接告上法庭。你更别忘了，氯胺酮作为一种潜在的毒品，"偷偷摸摸"使用显然会给非法交易和滥用留下后门。所以，不管是患者、医生，还是各国的监管机构，其实都更希望氯胺酮的抗抑郁药身份能够公开化、合法化。

但是问题又来了：把氯胺酮变成公开合法的抗抑郁药，这个目标很高尚，但这个买卖没人做！为什么呢？最重要的原因，是商业上不可行。

你要是把氯胺酮看成是一种抗抑郁药，那它是一款不折不扣的新药。从动物模型研究到大规模人体临床试验，再到申请各国监管机构批准上市，新药上市该有的步骤一个也不能少，需要消耗漫长的时间和海量的金钱，开发成本可能会高达几十亿美元。但是你要把氯胺酮看成是一种麻醉剂，那它又是一款如假包换的老药。半个多世纪之前就已经上市，药物专利早就过期，今天市场上一支氯胺酮只能卖到几块钱甚至几毛钱。

这样一来，二次开发氯胺酮就成了一个稳赔不赚的买卖。药厂的开发成本居高不下，但是销售价格只要稍微高一点点，医生和患者们就会有足够的理由继续用便宜的"麻醉剂"氯胺酮来替代昂贵的"抗抑郁药"氯胺酮，任何一家药厂也都可以轻而易举地生产"仿制药"氯胺酮来打价格战。可想而知，没有任何一家药厂会对这种生意感兴趣。

那有没有别的办法呢？也有。药厂可以尝试开发一种和氯胺酮结构和作用很类似的新药。在专利制度的保护下，这种新药就可以独占市场、独吞利润了。实际上就在今天，全世界范围内仍然有很多个氯胺酮类似药物正在开发流程当中。

强生公司的这款新药 Spravato 其实也是这么来的，而且还更极端一点。咱们说过，这款药物的有效成分叫右旋氯胺酮。它和氯胺酮是什么关系呢？真相可能会让你惊掉下巴。所谓右旋氯胺酮，就是氯胺酮的成分之一，也就是氯胺酮的一部分！人们很早就发现，化学合成的氯胺酮，其实是两种分子的混合物：左旋氯胺酮和右旋氯胺酮。和人的左右手一样，这两种化学物质的化学结构是完美对称的，它们看彼此的感觉就像是照镜子一样。强生公司就利用了这个信息，从氯胺酮当中分离出了右旋氯胺酮这个成分，抢先给它注册了专利，并且把它开发成了新药 Spravato。

当然，我还是得强调，不管你有多不服气，强生公司的知识产权是受到法律严格保护的，这也给了他们足够的商业动机去推动 Spravato 的开发。在过去的几年时间里，强生公司对这款"新"药做了几轮临床试验，证明它的安全性不错，也能够有效地治疗抑郁症患者（这可能是一句废话，毕竟它就是 50% 的氯胺酮）。因此，就在 2019 年 3 月 5 日，Spravato 获得了美国 FDA 的批准正式上市。

30 年来第一款全新的抗抑郁药，就这样登上了历史舞台。

二

看到这，你可能已经有点不耐烦了吧？

既然所谓的新药 Spravato 就是这么个新瓶装旧酒的东西，我们还有什么必要在这里长篇大论当成一件正经大事来分析？别着急，事情还没完。

首先我们承认，Spravato 本身确实乏善可陈。实际上根据现有的临床数据，右旋氯胺酮的治疗效果大概率还比不上老药氯胺酮。强生公司开展的五个临床试验中有两个根本就没有达到预期效果，能否用来长期治疗抑郁症患者也有很多未知数。[4]与此同时，虽然作为鼻喷雾剂，Spravato 使用起来比需要静脉注射的氯胺酮要方便一些，但也有研究提出，鼻喷雾的吸收效率更加难以控制。更要命的是，新药 Spravato 的价格可能会是老药的十倍甚至更多，月使用费可能高达 7000 美元！也就是说，在现有专利和药物上市制度的保护下，抑郁症患者们和医保机构将要花上十倍的价格，使用一个效果可能还有退步的"新"药。Spravato 上市这件事本身，与其说是某种科学和医学上的新突破，倒不如说是某种钻空子的商业策略的成功。

---

4 "Esketamine for the treatment of treatment-resistant depression: effectiveness and value," Institute for Clinical and Economic Review, 2019.

从这个角度出发，我很不看好这款新药在咱们中国的前景。原因很简单，中国医疗系统去给昂贵的 Spravato 买单，还不如干脆在严格监督下推广老药氯胺酮的抗抑郁应用。只要程序规范、用量合适、收费合理，这会是一件医生、患者、医保支付系统三方受益的好事。实际上，国内不少医院（比如北京朝阳医院）已经在开展这方面的临床研究了。中国可能会走出一条更好的利用氯胺酮的新路来。

但是站在更大的时间尺度上，这款药物的上市还是有里程碑意义的。它确实可能代表着抑郁症治疗的一个全新的历史方向。这才是我们要拿 Spravato 当主角的原因所在。

"30 年来首款抗抑郁新药"，这是我们故事的标题。这种形容丝毫不算夸大其词。自 20 世纪 50 年代最早的抗抑郁药诞生之日起，人类对抗抑郁症的武器库里就一直没有发生过什么革命性的升级换代。人类渴望一种全新的抗抑郁药，特别是作用机制全新的抗抑郁药，实在已经等得太久太久了。

在过去半个多世纪里，世界各国先后批准过好几十种抗抑郁药进入临床，看起来倒也是琳琅满目、花样繁多，但是究其根本，几乎所有这些药物都可以粗糙地定义成"第一代抗抑郁药"。这些药物尽管知识产权归属不同、化学结构不同、具体作用位点也有所不同，但是治疗抑郁症的基本逻辑是非常相似的。它们都是通过调节人脑当中某些神经信号分子的活动，特别是血清素（serotonin），起到调节情绪状态和治疗抑郁症的作用的。

而这就导致了一个大麻烦：面对抑郁症患者，医生们缺乏有效的用药组合方案。某一种药物要是不管用，那换其他的类似药物成功率也不高；要是尝试了 3~4 种同类药物都没用，那医生们基本就束手无策了。而且这些药物还有一个很讨厌的共性：作用时间非常缓慢，一般需要吃两三周才能看到效果。这也导致如果遇到急性发作，特别是自杀意愿强烈的患者，医生们没有太好的办法帮助他们。类比一下，这就像武器库里都是长距离投放的武器：火箭弹、地对地导弹、长距离火炮。看起来当然也挺壮观，但是如果敌人已经突破了外围防线到了身边，我们可能就抓瞎了，因为我们没有任何像步枪、冲锋枪甚至刺刀这样的近战武器。

正是这个原因，一直以来超过 30% 的抑郁症患者——也就是所谓的耐药型抑郁症患者，始终找不到什么有效的治疗方案。他们往往需要反复地尝试一种又一种抗抑郁药，在希望和失望之间不停循环。从这个意义上说，不管 Spravato 这个药物本身到底表现如何，氯胺酮这一类全新抗抑郁药物的出现是非常重要的。以 Spravato 上市为起点，人类有可能陆续开发出一系列作用机制类似的抗抑郁新药。这些全新的抗抑郁药物可能能够治疗那些原本无药可用的患者，还可以和传统的抗抑郁药相互补充和组合。可想而知，在治疗抑郁症的时候，医生手头的底牌多了，那患者可能拥有的康复机会就要多得多。

这才是为什么 Spravato 上市能成为大新闻的真正原因：不在于它提供了多少实实在在的帮助，而在于它提示了一种充满希望的可能性。

三

Spravato 的上市，确实指明了一个充满希望的未来方向。

为什么这么说呢？

我们先来回顾一下历史，看看第一代抗抑郁药到底是怎么诞生和发展的。从中我们也许能看到预测未来的线索。

人类历史上第一款抗抑郁药，名叫异烟酰异丙肼，诞生在20 世纪 50 年代初。最早人们合成这种化学物质，是用来作为肺结核用药的。但是没想到，患者使用了之后会产生异乎寻常的欣快感，于是就被医生们顺水推舟地用来治疗抑郁症。[5] 这个药物本身其实乏善可陈，而且没几年就因为严重的副作用被淘汰了。但是科学家们没有放过这个误打误撞来的药物。他们花了很多年，试图搞清楚异烟酰异丙肼到底是怎么让患者产生快乐的。结果发现，吃了异烟酰异丙肼之后，患者大脑血清素变得非常活跃。于是，人们就总结出了抑郁症的一个生物学模型：

1. 人脑中血清素的活动，会产生快乐和幸福感；

2. 人脑中血清素水平降低，会导致抑郁症；

3. 使用药物提高血清素水平，能够治疗抑郁症。

必须得先说一句，这个粗糙的模型其实漏洞很多。比如说，

---

5 Pereira VS and Hiroaki-Sato VA, "A brief history of antidepressant drug development: from tricyclics to beyond ketamine," *Acta Neuropsychiatrica*, 2018.

实际上除了血清素，还有其他的神经信号分子，比如多巴胺和去甲肾上腺素，也被发现和抑郁症有关。再比如说，也有不少研究证明，有些时候血清素虽然很低但患者仍然不抑郁，也有些时候血清素已经大大提高，患者却还是深陷抑郁状态。但因为这个模型非常简单易懂，它仍然成了过去半个多世纪中的主流抑郁症模型，指导了几乎所有抑郁症药物的开发工作。

在世界各地，人们开发了各种药物，用来提高大脑中血清素的水平——比如提高血清素的生产效率，降低血清素的降解效率，降低血清素被回收的速度，等等。就这样，第一代抗抑郁药开始扎堆上市。这些抗抑郁药在历史上取得了辉煌的成就。它们当中标志性的药物，首推 1987 年上市的百优解（Prozac）。在专利过期前，百优解为礼来公司赚取了超过 200 亿美元的收入，帮助了全世界 4000 万抑郁症患者。

我稍微总结一下第一代抗抑郁药开发的历史大循环，其实可以简单分成三步：

1.偶然发现，某种药物能够治疗抑郁症（比如异烟酰异丙肼）；
2.部分理解，这种药物的作用机制（比如提高血清素水平）；
3.再根据这个机制，开发出更多的抗抑郁药（比如百优解）。

这是第一代抗抑郁药留给我们的历史经验。那这个经验能不能照搬，帮助我们开发出全新的一代抗抑郁药呢？和异烟酰异丙肼一样，氯胺酮的出场也充满了偶然色彩。异烟酰异丙肼最早是作为结核病用药出现的，而氯胺酮最早是作为麻醉剂出现的。在医生们发现它们对情绪的改善作用之后，才被正式引入抗抑郁症治疗。

类似血清素模型的出现，在过去的 20 年时间里人们也在持续研究氯胺酮的作用机制，确实提出了一些简单粗糙，但却被广泛接受的模型。比如说，氯胺酮抗抑郁，可能和人脑中另一个神经信号分子——谷氨酸（glutamate）——有关系。至于新药 Spravato，强生公司也已证明，它和氯胺酮一样，能提高人脑谷氨酸的活动性。

那么第二代抗抑郁药开发的历史大循环也已初步就位了：

1. 偶然发现，某种药物能够治疗抑郁症（比如氯胺酮）;
2. 部分理解，这种药物的作用机制（比如提高谷氨酸活动性）;
3. 再根据这个机制，开发出更多的抗抑郁药（比如 Spravato）。

基于这样的逻辑，不少药企在过去几年纷纷杀入抗抑郁药开发的战场。截至当下，有大约二十个采用类似工作原理的药物，正在世界各地接受临床检验。[6] 展望未来，以 Spravato 上市为标志，我们很可能会迎来第二代抗抑郁药扎堆上市的一波小高潮。人类对抗抑郁症的武器库，会迎来一次重大的扩充和升级。

---

6 Dang YH et al, "Targeting of NMDA receptors in the treatment of major depression," *Curr Pharm Des*, 2014.

四

这条新路仍然布满荆棘。

武器库的升级当然是大好事。但是我得悲观地说一句，人类对抗抑郁症还有很长很长的路要走。甚至有可能，我们虽然在局部取得了某些进展，但是在整个战场上，我们至今都还没有走在正确的道路上！为了说明我的悲观根源何在，我们先来重新回顾一下抑郁症药物开发的两个历史大循环。

第一代药物：

● 偶然发现，某种药物能够治疗抑郁症（比如异烟酰异丙肼）；
● 部分理解，这种药物的作用机制（比如提高血清素水平）；
● 再根据这个机制，开发出更多的抗抑郁药（比如百优解）。

第二代药物：

● 偶然发现，某种药物能够治疗抑郁症（比如氯胺酮）；
● 部分理解，这种药物的作用机制（比如提高谷氨酸活动性）；
● 再根据这个机制，开发出更多的抗抑郁药（比如Spravato）。

你可能也注意到了两个细节：一个是两次历史大循环的开端，居然都源自一场意外。

这就很麻烦了。两个偶然发现，而不是有针对性地搜寻和开发，让人类拥有了先后两代抗抑郁药。这其实意味着，我们完全无法预测人类什么时候才会第三次"走狗屎运"，完全无法预测第三代抗抑郁药要等到何年何月才能到来。

而另一个细节是，在作用机制部分，我都是用了"部分"这个修饰词。这是因为直到今天，人们也不敢说自己真的理解了抑郁症的科学本质，理解了两代抗抑郁药到底怎么起效的。血清素和谷氨酸假说固然广受欢迎，但是也有数不清的反面证据在威胁它们的统治地位。不少药物虽然能提升血清素和谷氨酸水平，但却没有治疗疾病的能力。也有不少药物能够治疗疾病，但是我们其实不知道它们到底是怎么起作用的。

作为对比，我们可以看看人类在对抗癌症的战场上发生了什么。在过去 10 年里，每年 FDA 都会批准超过 10 款抗癌新药上市。癌症的全新基因、全新生物学特性、潜在的药物设计靶点，更是层出不穷。如果说面对癌症，人类发愁的是从基础研究到药物开发的渠道不够通畅，效率还不够高。那面对精神疾病，人类发愁的是基本认知都不知道正确与否，基础研究都不知道从何做起，只能等着上天垂怜，恩赐一个意外惊喜。

也是因为这个原因，我才不得不说，人类对抗精神疾病的未来，注定还是布满荆棘。

首要的问题是，人类对人脑功能、对情绪活动、对精神疾病的理解，仍然非常非常幼稚。从某种程度上说，我们连精神活动的物质基础到底是什么都没有搞清楚！它的物质基础，可能是神经细胞的活动，可能是神经网络的形态，可能是神经信号分子的浓度，甚至还可能是某种不为人知的量子世界。

和癌症医学的发展形成了鲜明对比：癌症仍然难以彻底攻克，但是癌症的生物学逻辑却越来越清楚。今天，一个癌症患者就医，医生往往会做一系列详细的检查，包括X光、PET-CT、血液生化检测，甚至DNA测序等，然后再给出细致的诊断，并且量体裁衣地为他设计治疗方案。

但是一个抑郁症患者就医，医生拿出的是一份极其粗糙的调查问卷，他只能根据患者最近心情如何、饭量和睡眠时间有没有变化、有没有自杀的念头等来作出疾病诊断！从这个意义上说，人类对精神疾病的理解和定义还停留在上古时代，还没有能力把一种疾病严格地定量化、物质化、直接关联到某个可以深入研究的物质基础上去。

这样一来，第二个问题就随即出现了。既然我们并不知道哪种生物学变化导致了精神疾病，也不知道该用什么客观指标来评估精神疾病的情况，我们也就很难在动物身上严格地模拟出这些疾病来。这也就意味着针对疾病的生物学研究，可能很难深入开展。

再和癌症研究做一个比较吧。今天，人们可以在动物模型上，通过基因突变、药物诱导、细胞移植等方法，制造出各种各样的肿瘤类型，然后研究这些肿瘤的发生发展过程，从中理解癌症的生物学特性。

但是在抑郁症研究的过程中，因为人们并没有非常可靠的办法在动物上模拟人的抑郁症，就只好通过类似捆绑和电击之类的手段惩罚动物，然后再用一些非常粗糙的手段来评估动物的精神状态。比如说看老鼠们被扔进水池之后是否愿意拼命游泳求生，尾巴被倒吊起来会不会挣扎，在清水和糖水之间是不是更喜欢喝糖水，等等。可想而知，这些粗糙的研究方法，并不能很准确地帮助我们理解抑郁症患者体内发生的病变。

而前两个因素叠加，还导致了第三个问题的出现：我们没有很好的办法在研究开发阶段，快速、客观、准确地评估抗抑郁药物的效用。要知道，所有的药物在进入人体试验和应用之前，都需要在动物模型上反复验证其安全性和有效性。但是你能说一种药物会让小老鼠更愿意游泳，它就是个有希望的抗抑郁药吗？或者一种药物不会让小老鼠更喜欢吃糖，它就不可能成为抗抑郁药吗？如果不能的话，药物开发者又该怎么预测一种新药的效果呢？总不能把每种可能的新药都直接给患者吃吧？

简单总结一下吧：在抑郁症研究和药物开发的道路上，我们遇到了三个困难：

● 我们不理解人脑精神活动的物质基础；
● 我们没有模拟抑郁症的可靠动物模型；
● 我们没有好办法评估抑郁症药物的效用。

所以，想要彻底征服抑郁症，消灭精神疾病，人类面临的可能是从基础研究到药物开发的一场彻底的革命：

● 在基础生物学上，理解人脑的工作机理，特别是情绪如何产生，如何被调节；

● 然后，基于这些研究，建立精准的动物疾病模型；

● 再然后，利用这些动物模型，开展药物开发。

这场革命当然并不容易。毕竟，它的革命对象，可能是整个宇宙里最复杂的一个系统：由860亿个神经细胞、数百万亿个突触构成的大规模并行式的三维信号处理网络。这是我悲观思想的真正根源。对人脑秘密的彻底解决，可能很难发生在一两代人之间。而这可能也就意味着，精神疾病对人类的困扰，可能要持续相当长的时间，这些疾病可能要比癌症和艾滋病更加顽固！

五

当然，我可不愿意带着你一起悲观绝望。在这儿我可以和你一起开开脑洞，看看精神疾病治疗的下一场革命可能发生在哪里。

血清素模型也好，谷氨酸模型也好，尽管确实能部分地解释抑郁症的发病，但它们有一个共同的问题——"粗糙"。用一个分子的浓度高低解释复杂的人脑活动状态，这本身就不太靠谱。这里的逻辑很简单：人脑当中就那么区区几种神经信号分子，但是人脑可能产生的情绪、心理、智慧状态却无穷无尽，这两者之间一定不是简单的高低对应关系。

进一步说，这两种信号分子在人脑当中，其实是有非常精密的时空分布和动态变化的。如果它们真的参与人类情绪状态的控制，那也一定是在某个大脑区域、某种神经细胞当中，通过某些特别的信号机制，影响到大脑的某些特殊功能实现的。想要彻底认识抑郁症，想要开发出全新的抗抑郁症药物，所有这些细节问题都必须首先得到解决。

在接下来的 5~10 年内，我期待人类能在更精确的时空尺度上认识这些神经信号分子的作用机制：它们究竟在大脑中的哪个区域、哪些特定的神经细胞中存在？在人类情绪状态发生变化时，它们又是在人脑的哪些神经细胞和神经网络当中发生了变化？它们具体发生了什么变化，是合成速度、分解速度、响应敏感度，还是什么别的参数？如果想要治疗精神疾病，我们应该在什么时候、在哪里、如何去操纵相关的神经网络？

也许等这些问题得到进一步的解答之后，我们会有更多的抓手，去对抗人类精神疾病。

在过去几年里，浙江大学医学院胡海岚教授的实验室在这个方面就取得了很大的成就。我们不妨以他们的研究发现为例，来看看未来可能的模样。2018 年初，胡海岚实验室在《自然》杂志发表了两篇研究论文，为氯胺酮抗抑郁的机制提供了新解释。具体来说,他们发现,动物大脑中一个特殊的区域——名叫"外侧缰核",可能和抑郁症的发病有关。这个特殊的大脑区域如果出现了异常的活动,小鼠就很可能会出现抑郁症状。而反过来,氯胺酮之所以能够抗抑郁,可能也是通过抑制这个大脑区域的异常活动。[7, 8]

当然我必须强调,胡海岚他们的研究只是抑郁症发病和氯胺酮治病可能的机制之一。关于复杂的人脑工作,很难说会有哪个模型能够彻底解释所有现象。但是他们的研究完美验证了上面我们的讨论:人类对抑郁症和抗抑郁药物的理解,必须从粗糙走向精确。

本来我们知道的,可能仅仅是在抑郁状态下,大脑当中一个信号分子的总体浓度的高低变化。现在,我们的目光可以聚焦到某个特定大脑区域、某种特定神经细胞的活动,甚至是某个特殊蛋白质分子身上。

顺着这样的思路推演,也许未来治疗抑郁症和其他的精神疾病,医生们会开出一张非常精确的"药方":用某个药物精确地结合大脑里某一个特殊的蛋白质分子;用一种药物传送系统把药物精确地投放到某个特殊的大脑区域;用一种医疗器械精确地对准大脑某些特殊的神经细胞;用一种操纵方法精确地改

---

7 Cui Y et al, "Astroglial Kir4.1 in the lateral habenula drives neuronal bursts in depression," *Nature*, 2018

8 Yang Y et al, "Ketamine blocks bursting in the lateral habenula to rapidly relieve depression," *Nature*, 2018.

变神经细胞的活动方式；等等。

这一切当然都不容易，但超级难题也意味着巨大的机会。当年我自己投入神经科学研究，吸引我的可能就是这样的巨大挑战和机遇。我也很期待会有更多的聪明头脑，投入这场注定艰苦卓绝，但却充满惊喜的漫漫长征当中。

第七章　　闪烁光疗法：
　　　　　阿尔茨海默症的
　　　　　新曙光？

如果让我在几十上百种人脑疾病当中，选一种最令人绝望的，我会毫不犹豫地写下一个名字：阿尔茨海默症。

全世界范围内，阿尔茨海默症患者正在以每年 1000 万人的速度激增，到 21 世纪中叶，患者总数可能超过 1.5 亿，而且几乎每一位患者背后都是一个不堪重负的家庭和一笔数额巨大的医疗及看护开支。与此同时，我们又只能眼睁睁看着这些患者的疾病逐渐恶化，全世界的公共卫生系统滑向深渊，却没有任何医学手段可以使用！

在这样的黑色背景下，2019 年 6 月 5 日，美国麻省理工学院的蔡理慧（Li-huei Tsai）实验室公布了一项最新的研究成果：闪烁光疗法治疗阿尔茨海默症。他们发现，把老鼠放在以 40 赫兹频率闪烁的灯下，每天一小时，坚持几个星期，就可以有效地保护神经细胞，改善老鼠的记忆力，延缓神经退行性疾病。[1]

这项研究听起来有点匪夷所思。难道说，阿尔茨海默症，这个困扰整个人类世界的绝症和顽症，就这样被治好了？而且不用打针不用吃药，就看看闪烁的灯光就好了？甚至我们圈子

---

1 Adaikkan C et al, "Gamma Entrainment Binds Higher-Order Brain Regions and Offers Neuroprotection," *Neuron*, 2019.

里有人开玩笑说，既然如此，全世界研究大脑的科学家大半都可以退休了，家里的日光灯管换一个质量差、经常闪的，岂不是什么病都治好了！

玩笑归玩笑，对于这项研究本身，我的态度是继续观望，谨慎和乐观并存。毕竟一项以小老鼠为对象的实验室研究，距离真正的人类应用还是有些距离的。相比就事论事的讨论，可能我们更需要做的，是以这项研究为契机，花点时间来了解一下阿尔茨海默症——这种人类面对的最棘手，可能也是最绝望的大脑疾病。

一

100多年前，德国科学家埃洛斯·阿尔茨海默（Alois Alzheimer）长期研究了一位记忆力严重衰退的女性患者，在这位患者去世之后，他又解剖了患者的尸体，并发现了严重的大脑萎缩和神经细胞死亡。根据这些发现，他命名了这种经常被称为老年痴呆症的疾病。在今天的世界上，阿尔茨海默症困扰了超过5000万患者。伴随着全世界范围的人口老龄化趋势，这种和衰老密切相关的疾病，正在慢慢磨利它的獠牙。

这种疾病的表现你可能也比较熟悉了，它是一种缓慢发生的，但是不可逆的神经退行性疾病。热播的电视剧《都很好》里面的苏大强，就是典型的阿尔茨海默症患者。一开始，患者的主要表现是记忆力下降，特别是越近的事情越记不住。逐渐地，患者会出现语言障碍、容易迷路、情绪无法控制，最终会发展到生活彻底无法自理，直到死亡。如果解剖患者的大脑，我们会看到大脑的体积大大萎缩，大脑里大量的神经细胞都已经死亡了。

我说这种疾病是人类最棘手，甚至是最绝望的疾病，主要有以下几个原因：

首先，这种疾病的发病率非常高。全世界目前有超过5000万人患有阿尔茨海默症；而更可怕的是，这种疾病的发病率伴随着年龄增加直线上升。65岁的老人有5%的概率患病，而80岁老人的患病率就上升到了10%，到了90岁，发病率就已经到了惊人的50%。我们知道，伴随着全球公共卫生和医疗服务的进步，这个世界正在快速老龄化——也就是说，未来世界注定要出现天文数字的阿尔茨海默症患者。

更要紧的问题在于，这种疾病缺乏治疗手段。如果仅仅是患病人数多，也还不足以让我们特别害怕，但是阿尔茨海默症偏偏又是一个人类医学毫无办法治疗的疾病。在过去30年里，有大量的研究人员和巨额研究经费投入到这个领域，但是一直到今天，人类发明的能够治疗阿尔茨海默症的药物总数是0。

在人类主要疾病当中，阿尔茨海默症恐怕是绝无仅有的一个真正的不治之症。这是一个令人绝望的事实。目前市场上广泛使用的阿尔茨海默症药物，比如安理申和美金刚，它们的效果仅限于改善症状，并不能延缓疾病的发展，也不能治愈疾病。

类比一下，这就像我们常吃的各种抗感冒药（比如康泰克和白加黑），它们的作用仅仅是缓解鼻塞、头痛这样的感冒症状，但却完全不会帮助清除感冒病毒。

最后，这种慢性病、流行病，消耗了巨量的社会资源。发病率高，特别是老年人发病率高，又没有有效治疗方法。这几个特点就决定了阿尔茨海默症会长期消耗社会资源。对于一个个家庭来说，照顾阿尔茨海默症患者是一场漫长的、让人心力交瘁的但又永远无法胜利的战役。到 2050 年，看护阿尔茨海默症患者需要的巨额费用，可以轻易地耗尽所有国家的医保经费。

根据这三个原因，我想你就可以理解了：搞清楚阿尔茨海默症到底是怎么回事，开发治疗阿尔茨海默症的药物，是一个和我们每个人的老年生活密切相关的话题，也是一个和整个人类世界未来密切相关的话题。

那你可能会问，问题是明摆着的，怎么它就解决不了呢？

平心而论，也不能说科学家和医生们没有努力过。在过去几十年时间里，人们陆续提出了许多解释阿尔茨海默症发病的模型。其中生命力最长久、接受程度最广泛、也对生物医药产业产生了最深远影响的，当属诞生于 20 世纪 90 年代初的 Aβ 模型。

根据这个简单明了的模型，科学家指出阿尔茨海默症的罪魁祸首，是一个名叫 Aβ 的蛋白质分子。这个模型可以用简单的几句话加以概括：

不知道什么原因，人脑当中产生了大量的 Aβ 蛋白质。这些蛋白质分子彼此聚合，甚至形成肉眼可见的块状沉淀，破坏了大脑神经细胞的功能，杀死了大量神经细胞，最终导致了患者记忆能力和认知功能的衰退。在接近30年时间里，这个假说获得了大量实验证据的支持。

我把它们简单总结为下面四个方面的证据：

1."眼见为实"。这说的是人体解剖的发现。人们在阿尔茨海默症患者去世后解剖了他们的遗体，发现在患者大脑里，有大团大团的蛋白斑块。这些深色沉淀密密麻麻地出现在大脑神经细胞的周围，很明显，这可能和阿尔茨海默症的发病有关联。科学家们提取了这些蛋白斑块并且进行了分析，发现它们当中一个主要的成分，是 Aβ 蛋白。也就是说，Aβ 蛋白的沉淀和阿尔茨海默症的发病有关。

2."见微知著"。这说的是科学家在培养皿里做的实验。人们发现，Aβ 蛋白的来源，是人体当中一个名叫 APP 的蛋白。这个 APP 蛋白本来似乎是人畜无害的，但是如果它因为某些原因被切割之后，会留下短短的一小段——这就是 Aβ 蛋白了。而如果把这些被切割出来的 Aβ 蛋白放进培养皿，它们能够杀伤神经细胞。也就是说，Aβ 蛋白确实能够杀伤神经细胞。

3."杀鸡儆猴"。这说的是动物模型的研究发现。如果把患者大脑里的 Aβ 提取出来，注射到老鼠的大脑里，或者干脆在老鼠体内利用转基因技术大量生产 Aβ 蛋白，可怜的老鼠大脑里会很快出现密密麻麻的蛋白斑块，模样和人类阿尔茨海默症患者的大脑非常类似。也就是说，Aβ蛋白能够在动物模型里，模拟人类大脑的病变。

4.“血浓于水”。这说的是人类遗传病的研究。有2%~3%的阿尔茨海默症患者表现出明显的家族遗传特征。这些家族性患者往往携带特殊的基因变异，而更重要的是，这些基因变异集中在三个人类基因之内：*APP*，*PS1*，*PS2*。这三个基因的名字其实并不重要，但是它们在功能上唯一的交集，就是都参与了Aβ这种有害蛋白的生产。这些不同的基因变异因此产生了一个类似的结果：大大增加了人脑中的Aβ蛋白。也就是说，在家族性阿尔茨海默症患者体内，罕见的基因变异生产出了超量的Aβ蛋白。

上述四个方面的证据，就像四根顶梁大柱，支撑起了长盛不衰的Aβ模型。

上述四个方面的证据，任何一个方面单独拎出来，其实都不足以说明Aβ蛋白和阿尔茨海默症发病之间的因果关系，这一点我们在后面再详细讨论。但是当这四个方面证据先后出现，并且环环相扣地支撑起一个看起来相当严密的逻辑网络的时候，大多数人都会忍不住臣服在它的脚下。

我简单小结一下。阿尔茨海默症是一种常见但却没有任何有效治疗手段的疾病，患上阿尔茨海默症之后，人会逐渐丧失记忆力、认知功能、情绪控制力，最终失去生活自理能力。通过过去30年的持续研究，人们广为接受，Aβ模型能够成功解释阿尔茨海默症的发病原因。简单地说，一种叫作 Aβ 的蛋白不知道什么原因被大量生产出来，在人脑当中形成沉淀，杀死神经细胞，导致疾病的发生。

二

读到这里你可能会觉得很奇怪，你不是说阿尔茨海默症无药可治吗？但是听起来，Aβ 模型已经告诉我们该怎么治疗阿尔茨海默症了呀？既然 Aβ 蛋白太多了会患阿尔茨海默症，那反过来，消灭或者清除大脑中的 Aβ 蛋白，不就能够治疗这种疾病了吗？而想要消灭大脑里的 Aβ 蛋白，这办法多的是啊。比如说，我们可以直接干扰剪切 APP 蛋白，让 Aβ 压根就不要生成；也可以加强大脑里的废物排泄功能，让生产出来的 Aβ 快速降解消失；最后，还可以直接开发一个精确识别 Aβ 蛋白的分子靶向药物，直接绑定和消灭 Aβ。

你可别嫌这套描述好像特别的简单粗暴。实际上，掌握了这套思维方法，你也能做一个合格的药物开发者了。在过去二三十年里，人类设计开发的阿尔茨海默症药物，大部分就是试图通过这样的路径起作用的。针对这些药物，世界各地开展的人体临床试验，总数量超过了 200 个。

而结果如何呢？人类在 Aβ 理论的指导下，向着阿尔茨海默症发起了超过 200 次冲锋，只换来两个血淋淋的大字：失败。

哪怕是一个成功的案例都没有！在阿尔茨海默症这个狞笑的死神面前，倒下了的人，其中有生物学家，有医生，更多的是万千患者。

举一个特别有震撼力的失败案例吧。就在 2019 年 3 月，市值排名世界第 18 名的制药公司，美国百健公司的一种针对 Aβ 蛋白的药物临床试验失败，百健公司股票当日暴跌 28%，市值缩水 180 亿美元！就在本书付印前，百健公司又发布了全新的临床数据，提示它们的阿尔茨海默症新药可能还是管用的！生物医学研究又一次展示了它的复杂和难以捉摸的特点。关于这件事的分析，请见"巡山大事记 25"。[2]

当然了，每一次临床试验失败的时候，总有人会站出来就事论事地分析失败的原因。比如说，是不是药物分子的设计有问题，不能很好地进入人脑、发挥作用呢？是不是药物分子毒性太大，副作用掩盖了好的作用呢？是不是临床试验的设计出了问题，很多患者都已经是晚期重症患者了，可能本来也没什么救了呢？甚至，是不是数据分析出了问题，可能药物起作用了但是我们没看出来呢？

但是在 200 次失败之后，再乐观的人可能也坐不住了。这显然已经不是就事论事找技术缺陷能解决的问题了。你想想看，在这 200 次冲锋当中，药物分子的化学特性不同，主导研究的科学家不同，参与临床试验的医院和医生不同，所在地和

2　Steenhuysen J and Umekawa T, "Biogen scraps two Alzheimer drug trials, wipes $18 billion from market value," Reuters.com, 2019.

国家也不同，患者的具体情况也各不相同，居然结果是完全一样的失败！这可能只有一个合乎常理的解释吧？

这个解释就是，Aβ 模型，可能压根就是错的！

我分析到这里，你可能觉得这个解释已经是水到渠成了，Aβ 模型只能是错的了。

但是在真实的科学历史上，这句话可没那么容易能说出口啊。如果 Aβ 模型错了，那上面咱们苦口婆心说过的那四方面的证据难道都是一代又一代的生物学家们胡编乱造出来的吗？当然不是。这些研究经得起历史的考验，直到今天还能稳稳当当地站住脚。就在此时此刻，每个阿尔茨海默症患者的大脑里都还能找到密密麻麻的蛋白斑块；每个家族性阿尔茨海默症患者的基因组里都仍然存在着致命的基因缺陷；在数不清的培养皿里，Aβ 蛋白也仍然能够聚合成团，无情地破坏神经细胞的功能和生存。

那好像，这个模型又还是对的？这似乎也说不通。不管怎样，依靠这个模型设计出来的所有药物，全部都失败了。更有甚者，在某些人体临床试验中，大家还发现，有些药物实际上清除 Aβ 蛋白的能力是很不错的。经过用药治疗，患者体内已经找不到什么 Aβ 蛋白了，但是患者的阿尔茨海默症症状，一点都没有好转，有的甚至还恶化了。[3] 说一千道一万，有再多的道理，人体临床试验是最硬的道理啊。

---

3 Doody RS et al, "A Phase 3 Trial of Semagacestat for Treatment of Alzheimer's Disease," *N Engl J Med*, 2013.

这时候我们就得温习一下大侦探福尔摩斯那句名言了：当你排除了一切不可能的情况，那么剩下的不管有多么不可思议，也只能是真相。

对阿尔茨海默症的研究来说，不管 Aβ 假说有多少证据支持，它也只能被推翻。实际上冷静之后人们发现，支撑 Aβ 假说的逻辑网络虽然看起来密不透风，但是其实每一个具体的论据都有相当明显的漏洞。这就像是一座大楼看起来地基和梁柱都有模有样的，但是细看你会发现每根梁柱里都被白蚁给啃得千疮百孔了。那这座大楼它能结实吗？咱们一起来看看问题在哪儿。

1."眼见为实"，说的是患者大脑里有大量的 Aβ 蛋白形成的沉淀。

这个发现仍旧没错。但是后来人们也发现，其实很多健康人，特别是健康的老人的大脑里，也照样有一大堆类似的蛋白沉淀。从这个角度说，Aβ 蛋白和阿尔茨海默症的相关性，是需要画一个问号的。

2."见微知著"，说的是 Aβ 在培养皿里能杀死神经细胞。

这也没错。但是这个结果到底能说明什么问题，是要画一个问号的。有一个关于生物学家的笑话，说"当有科学家声称某个方法能杀死培养皿里的肿瘤细胞的时候，请别高兴得太早，因为你用一把枪（射击培养皿）也做得到"。这个笑话的意思其实是说，很多在培养皿里的研究都不能直接简单套用到人体上，因为人体这个系统要比它复杂得多。

3.“杀鸡儆猴”，说的是 Aβ 蛋白能够在动物模型里，模拟人类大脑的病变。

这个也仍旧是对的。但是要注意，虽然老鼠大脑里出现了蛋白斑块，但是老鼠的神经细胞可没怎么死，老鼠的记忆能力什么的也没怎么被影响。换句话说，动物模型其实只是外观看着像人类患者而已，具体疾病的症状一点儿也不像。

4.“血浓于水”，这说的是家族性患者体内的基因突变确实导致了大量 Aβ 的产生。

这仍然还成立，而且这其实是 Aβ 模型最接近真实世界的一个证据了。但是请注意，那不是只有 2%~3% 的患者是家族性的吗？你凭什么就能说，家族性的和非家族性的阿尔茨海默症是同一种疾病呢？也许家族性患者它就真的是和 Aβ 有关，但是绝大多数患者压根就是完全不同的发病原因呢？

说到这里你可能看明白了。尽管每一个单个的研究发现都仍然站得住脚，尽管 Aβ 假说仍然是把它们串起来的最简单的一套理论，但是实际上在单个研究发现和这套一揽子理论之间，漏洞和逻辑跳跃是非常多的。这就导致了尽管人们从情感上很希望这套理论成立——毕竟这是一套特别简单而且优美的理论，但这套理论就像那个梁柱已经被白蚁蛀空的大楼，一次强有力的打击就能让它彻底倒下。

更何况，是 200 次打击！

三

该怎么办呢？

坦率地说，这个问题别说我，就连全世界研究阿尔茨海默症的专家们，也都不知道答案。打烂一个旧世界总的来说还是容易的——只要证据充分，无非是情感上接受不了，但是建立一个新世界就困难了。

我特别要强调，在生命科学领域，给一种疾病找到病因从来就是一个特别困难的任务。你从教科书上、从新闻上了解，可能会产生一个错觉，好像大部分人类疾病的原因都是很容易搞清楚的。癌症就是身体细胞疯狂繁殖导致的、艾滋病就是艾滋病病毒入侵人体导致的、肝硬化可能是喝酒太多或者肥胖、急性肠胃炎可能是食物被细菌病毒污染了，等等。

如果把这些预设信息遮盖起来，单纯给你看一个疾病缠身的人，让你从头开始找出它的病因，其实是一个特别艰难的任务。人体太复杂了，疾病也太复杂了。要是没有一个大概的指向，很多时候人们都不知道去哪里找，应该找什么。比如糖尿病和动脉硬化这两个特别常见的疾病，从人类第一次发现这些疾病，到搞清楚病因，足足花了上千年的时间。

说到这里，我想你可能会更加容易理解为什么 Aβ 假说在30年的时间里被大家那么看重了。哪怕仅仅从情感上出发，有一个可以解释很多问题的假说，哪怕它是错误的，也比眼前一团漆黑、完全无从下手，要让人舒服得多啊。

不舒服归不舒服，既然 Aβ 假说大概率是错的，那我们总得从头再来，重新从绝望中寻找希望，从一片漆黑中寻找任何一点光明的线索。

这个注定非常痛苦的过程，其实有一个专门的名词来形容——范式转移。

这个词的意思，通俗来说就是，一个领域里所有基本的假设和规则都必须推倒重来。人类科学史上发生过好几次特别著名的范式转移，你应该也不陌生。比如，当哥白尼建立了日心说之后，原来所有假设地球是宇宙中心、星辰围绕地球运动的知识和分析方法全部都需要推倒重来。再比如，在量子力学出现之后，人类原来所有那一套对微观粒子运动的想象，比如电子像行星一样绕着原子核转动，也都必须推翻重建。达尔文的进化论、拉瓦锡的化学元素学说，在科学史上也都是重大的范式转移事件。

阿尔茨海默症，也到了一个范式转移的关键节点了。不管 Aβ 模型看起来是多么能自圆其说，既然这个模型根本无法指导药物开发，那我们只好闭着眼睛把它彻底砸碎，重新搞一套新的模型出来。

在这个过程中，就一定会出现所有范式转移过程中都会出现的现象：我们会看到短时间内，有大量的五花八门的假说和模型涌现出来，各自声称能够替代原有模型，并且做得更好。这种现象，好听点说，是百花齐放，难听点说，是群魔乱舞。

我来举几个比较有代表性的例子。

有一些是"革命性"相对比较弱的。有不少科学家认为，可能不是所有的 Aβ 蛋白都有毒，可能 Aβ 蛋白有好多种，而只有其中某一些才有毒。比如单个分子形态的 Aβ，或者少数几个 Aβ 分子形成的聚合体。所以药物开发必须针对这些分子才行，如果不分青红皂白把所有的 Aβ 都去除了，可能反而还有害处。还有人说，阿尔茨海默症的原因不是 Aβ，而是另一个蛋白质 τ（tau）。在他们看来，这种蛋白质能够在大脑神经细胞里形成一团团纠缠在一起的神经纤维，杀死神经细胞，导致阿尔茨海默症。

之所以说这个模型革命性比较弱，是因为大家觉得 τ 的聚集其实还是会受到 Aβ 蛋白的影响。换句话说，无非是 Aβ 到底直接导致疾病，还是间接通过 τ 导致疾病的区别。

还有一些假说就显得非常离经叛道了。2015 年，就有一篇发表在《自然》杂志的学术论文认为，阿尔茨海默症可能是一种类似于疯牛病的传染性疾病。在患者大脑里，Aβ 蛋白出现了错误的折叠从而形成了蛋白斑块，导致疾病。这些错误折叠的 Aβ 蛋白一旦进入其他人体内，就会像火种一样，让原本正常的 Aβ 蛋白也开始错误折叠，引发疾病。[4]

2019 年初，发表在《科学进展》杂志上的一篇论文又说，在很多阿尔茨海默症死者的大脑里，发现了一种很奇怪的细菌——牙龈卟啉单胞菌。之所以说奇怪，是因为这种细菌原本

---

4 Jucker M and Walker LC,"Self-propagation of pathogenic protein aggregates in neurodegenerative diseases," *Nature*, 2015.

应该生活在人的口腔里，它也是导致一系列牙龈疾病的罪魁祸首。所以这些科学家认为，阿尔茨海默症就是因为口腔里的坏细菌不知道怎么进入大脑引起的。[5]

咱们中国科学家也没闲着。中国科学院药物研究所的耿美玉研究员从海洋中找到了一种被命名为GV-971的寡糖分子，并且发现这种药物能够治疗阿尔茨海默症小鼠模型的认知障碍。更有意思的是，他们认为，这种作用是通过调节小鼠的肠道菌群，从而影响了小鼠的免疫功能实现的！顺便说一句，这个名叫GV-971的药物已经通过了人体临床试验，可能很快就会在国内上市了。[6]

一个说阿尔茨海默症能像疯牛病一样传染，一个说阿尔茨海默症是口腔细菌引起的，还有一个说通过影响肠道里的细菌就能治疗大脑里的疾病，这听起来当然都是很疯狂的假说。我得再次提醒你，在科学范式发生转移的时候，多奇怪的研究和假说，你都要有个心理准备。这些假说很可能大部分完全是胡言乱语，甚至全部都是错误的。但是在科学范式转移的过程中，我们不光得抱着开放的心态接受和审视它们，我们还得期待这些奇奇怪怪的学说当中，有些居然疯狂到可能是对的，甚至还真能出现一个能够真正解释阿尔茨海默症并且帮助我们开发出

5 Dominy SS et al, "*Porphyromonas gingivalis* in Alzheimer's disease brains: Evidence for disease causation and treatment with small-molecule inhibitors," *Science Adv*, 2019.

6 Wang X et al, "Sodium oligomannate therapeutically remodels gut microbiota and suppresses gut bacterial amino acids-shaped neuroinflammation to inhibit Alzheimer's disease progression," *Cell Res*, 2019.

药物的解决方案！

四

说到这儿，你再回想一下 40 赫兹闪烁光照治疗阿尔茨海默症的研究，是不是就更能理解它的意义了？没错，它本质上也就是在这场正在发生的范式转移当中，又一个具有相当革命性的新假说、新方向。在这里，我大致梳理了一下闪烁光疗法到底是怎么来的。它的发展，经历了几个关键节点：

1. 早在近百年前，人们就已经发现，人脑的神经细胞能够像彼此约定好一样，同时开始活动，这就产生了足够强大的电信号，能够被贴着头皮的电极检测出来。这其实就是大家都很熟悉的脑电波。

2. 2016 年，麻省理工学院的蔡理慧实验室发现，在阿尔茨海默症的小鼠模型中，大脑里一种频率在 20~50 赫兹之间的特殊的脑电波——我们称之为 gamma 脑电波——减弱了。如果给这些小鼠看 40 赫兹频率的闪烁光，这些老年痴呆小鼠的 gamma 脑电波能够被恢复。[7]

3. 2019 年初，同一个实验室证明，40 赫兹的闪烁光如果结

---

7 Iaccarino HF et al, "Gamma frequency entrainment attenuates amyloid load and modifies microglia," *Nature*, 2016.

合 40 赫兹的声波一起使用，效果更佳。[8]

4. 2019 年 6 月，也就是我们这次讨论的研究中，同一个实验室又发现，40 赫兹闪烁光除了能够清除 Aβ 蛋白，还能够保护神经细胞，延缓它们的死亡，增强小鼠的学习记忆能力。

根据这些研究成果，阿尔茨海默症既不是 Aβ 蛋白导致的，也不是 τ 蛋白导致的，更加不是什么传染病导致的。它的发病原因，是大脑内部一种脑电波出了问题，变弱了。至于 Aβ 蛋白和 τ 蛋白的病变，可能只是阿尔茨海默症的结果而不是原因。既然如此，想要治疗阿尔茨海默症，直接刺激大脑，恢复大脑当中的脑电波就行了。针对 Aβ 或者 τ，那当然是没有用的嘛。

而且这个思路想要在人体当中验证还是相当容易的。我们知道要开发一款药物，从设计生产、动物模型的验证，以及一、二、三期人体临床试验，再到最后上市，动辄需要十几年时间、十几亿美元的投入。但是根据这个新的模型，那无非就是给患者看一块闪烁的屏幕、最多再加上一段单调的声音，就可以治疗疾病了。这个方法，不管是临床验证还是未来可能的市场推广，都非常容易。

实际上，主导这一系列研究的两位麻省理工学院的科学家，包括蔡理慧本人，已经在 2016 年联合成立了一家名叫 Cognito

---

8　Martorell AJ et al, "Multi-sensory Gamma Stimulation Ameliorates Alzheimer's Associated Pathology and Improves Cognition," *Cell*, 2019.

Therapeutics 的公司，专门开发刺激大脑的医疗设备。有好几项临床试验已经在进行当中了。

那是不是我们就可以放心地预测，阿尔茨海默症从病因到治疗，将很快被解决呢？当然不是！

别忘了，今天出现的这些全新范式，不管是闪烁光、gamma脑电波，还是牙龈细菌感染，虽然听起来也都有理有据，但是真要看他们的证据链，都还远远比不上已经被我们打倒在地的Aβ假说呢。至少，Aβ假说背后是一张证据编织的网络——家族患者的遗传缺陷、患者大脑的病理变化、实验室里大量的生物化学和细胞生物学研究，应有尽有。虽然说因为在药物开发的战场上一败涂地而被我们扫地出门，但是至少在那之前，还算是一个漏洞不少但能自圆其说的模型。

相比之下，今天出现的这些新范式，不管在纸上看起来多美，毕竟都只是几篇研究论文、一两个实验室的孤立发现。它们想要完成范式转移的全过程，真正帮助我们理解和战胜阿尔茨海默症，至少还有这么几个步骤是必需的：

1. 重复验证：也就是说，单个的科学发现得到更多实验室、更多实验、更多数据的支持。

2. 证据网络：也就是说，孤立的研究在更多的研究方向上得到确认和补充，从证据链条变成证据网。比如说以闪烁光模型为例，是不是人类阿尔茨海默症患者当中也会出现脑电波强度的下降？这种变化有没有哪些基因突变能够解释？在动物模型里，闪烁光刺激到底是怎么提升动物记忆能力的？这种提升是不是需要 Aβ 蛋白的参与？等等。

3. 治疗疾病：这是最终极的验证。也就是说，根据这个模型开发治疗方法，是不是能够有效治疗人类疾病？

只有通过了这三关，我们才能说，今天我们听起来匪夷所思的闪烁光疗法，真的就是未来。它能够帮助我们解释阿尔茨海默症的发病原因，也能够帮助我们有效地对抗这种疾病，它的成功，也代表着人类对阿尔茨海默症的理解，顺利完成了一次范式转移。在那之前，我相信，你可能还会在新闻媒体上看到更多的匪夷所思的关于阿尔茨海默症的研究。

请记住我说的这句话：在一个科学问题正在发生范式转移的时候，多奇怪的研究和假说，你都要有个心理准备。

在这个故事里，我为你介绍了阿尔茨海默症的基本特点，以及人类认知和对抗阿尔茨海默症的大框架和大历史。相信在这个框架下，你会更容易理解闪烁光疗法的意义，更容易预测阿尔茨海默症药物的发展方向。

最后，我给你提供一些有用信息。虽然阿尔茨海默症无药可治，实际上也没有被严格证明过的预防手段，但是医生们普遍接受，生活方式的改善能够在某种程度上降低你患阿尔茨海默症的概率。下面这些建议来自美国著名的梅奥诊所，供你参考：[9]

---

9 Graff-Radford J, "Are there any proven Alzheimer's prevention strategies?", Mayoclinic.org

- 戒烟。

- 控制三高（高血压、高血脂、高血糖）。

- 均衡饮食。比如著名的地中海饮食可能有好处，多吃蔬菜水果、鱼类、五谷杂粮、豆类和橄榄油，少吃肉和奶制品。

- 积极参加体育锻炼和社交活动。

- 关注自己的精神和情绪健康。

- 利用某些认知和记忆力训练方法，锻炼认知能力。

第八章

基因新政：
你的基因，到底属于谁？

不知道你发现没有，这几年市场上出现了越来越多的基因检测产品。这些产品声称自己能干的事儿可多了，从计算各种疾病的风险，到追踪父亲母亲的迁移历史，到告诉你酒量如何，能不能喝咖啡，甚至是预测你的天赋和职业选择——这些产品的好坏我们先不讨论，它们的出现本身就说明了一件事——基因检测技术的门槛越来越低了。

而这也意味着，一个普通人的基因信息被别人获取、分析、利用甚至是牟利的可能性，正在变得越来越大。毕竟只要一口唾液或者一根头发，这些公司就可以获得你全套的基因信息。而那些获得和保存你基因信息的商业公司，会不会拿你的基因信息做坏事呢？一旦基因信息泄漏，会造成什么严重的后果呢？在基因测序和检测大行其道的时代，我们又该如何保护自己基因的安全呢？这是我们每个人都必须要思考的问题。

如果站在更大的尺度下讨论，我们每个人的基因信息，其实不光是我们自己的事情。它可能关系到整个基因相关产业的兴衰，关系到国家之间抢占科技制高点的竞争。如果你还能回忆起我们这本书开头讲过的"基因编辑婴儿"的故事，你肯定还能联想到，基因信息的采集、分析和分享，可能还是一件关系到人类整体命运的大事。

2019 年 6 月 10 日，国务院总理李克强签署国务院令，发布了《中华人民共和国人类遗传资源管理条例》。无巧不成书的是，太平洋对岸的美国，也在差不多的时间讨论起了同样的问题。当地时间 6 月 11 日，美国的两位共和党参议员马考·卢比奥（Marco Rubio）和查克·格拉斯利（Chuck Grassley），联名给白宫卫生和公共服务部写信，要求收紧美国对遗传资源的利用方式。他们在信中提到，有很多美国研究机构会把美国人的基因样品送到两家中国公司进行测序分析——分别是上海的测序公司药明明码和深圳的华大基因。而这一方式，在他们看来，是将美国人的遗传资源向中国公司分享，可能会构成严重的国家安全风险。[1]

这两件事前后脚发生，当然只是一个巧合。但是无论如何，这种巧合本身就值得我们重视。因为不管是从保护国家公民的基因信息的角度考虑，还是从支持本国基因科学和生物医药产业发展的角度考虑，在此时此刻，人类的遗传资源确实已经成为大国高度重视的战略资源。

中国新颁布的《中华人民共和国人类遗传资源管理条例》，到底说了什么呢？按照这项法规的规定：任何外国机构和个人将不允许在我国境内采集和保存中国人的遗传资源，更不允许

---

1 Rubio, "Grassley Call on HHS IG to Examine Payments to Chinese-Linked Companies," rubio.senate.gov, 2019.

向境外转移。如果需要针对中国人的遗传资源展开的科学研究，必须合法合规地通过中外合作的方式进行。

所谓"遗传资源"，通俗地说，就是含有人类基因的人体样本。打个比方，一块肿瘤、一管血液，甚至一根带发根的头发，都在这个条例的管辖范围内。除此之外，如果已经对这些人体样本进行了基因提取和测序，得到的基因信息也属于监管范围。

事实上，这不是中国第一次出手管理中国人的基因资源。早在1998年，中国就出台了遗传资源管理的暂行办法。但是长久以来，中国人遗传资源的管理总体还是比较松散，甚至可以说是有点混乱的。在不少合作研究中，都存在违规采集和分析中国人基因信息，甚至将中国人遗传材料送到境外的行为。

2018年，科技部开出行政处罚书，集中处罚了3起比较严重的违规事件。在其中一项合作研究中，华大基因、复旦大学附属华山医院和牛津大学合作开展了一项针对中国女性的重度抑郁症研究，成功找到了几个重要的致病基因位点。[2] 但事后发现，华大基因违规将中国人群的基因信息通过互联网传递出境。

在国际上，因为人类基因的战略价值越来越大，世界主要国家都先后立法规范了本国遗传资源的使用。这些法规松紧程度有些差别，但是无论如何，保护本国的遗传资源，让这些资源更多地能够被本国研究机构和公司所利用，是一个普遍的趋势。因此，在基因信息的战略价值越来越显著的今天，国家决

---

2 CONVERGE consorsium, "Sparse whole-genome sequencing identifies two loci for major depressive disorder," *Nature*, 2015.

定升级和收紧对中国人遗传资源的监管，是一个非常合理的动作。而这个全新的条例，将中国人遗传资源的管理提升到了一个前所未有的高度，被很多人称为"打响了中国人遗传资源的保卫战"。

二

发生在太平洋两岸的这个新动向，足以说明基因信息的战略价值。但是问题麻烦就麻烦在，基因这么一种具有高度战略价值的东西，它的归属权却一直存在特别大的争议。

除了携带基因信息的我们每个人之外，我们所在的社群和国家、研究基因的科学家、利用基因信息开发医药产品的公司，其实都或多或少有理由声称自己对基因资源也有所有权。这是为什么呢？其实所有这些争议，本质上都是由基因的三个特殊属性引起的。我们一个一个来分析。

基因的第一个特性就是，它具备物质和信息的双重属性。

一方面，基因当然有具体的物质形态。人类的基因就是由一个一个的脱氧核糖核苷酸分子串联起来形成的长链条，而且它们在人体细胞当中还会具备各种各样复杂的三维结构和化学修饰。

但抛开具体的物质形态，基因更本质的属性是它携带的信息。这些信息造就了每个人独特的生物学特征。我打个比方，基因其实在很大程度上像一张报纸。报纸当然有它独特的物质属性，比如纸张的纤维结构、油墨的化学成分、颜料的比例关系等。但是报纸更重要的属性，是这些物质排列组合之后，变成的文字和图片所承载的信息。一个外星人如果光临地球，光靠分析报纸用了什么油墨和颜料，是不可能了解人类世界的活动方式的。但反过来，报纸上承载的信息，即使换一个物质载体也不会有什么本质的变化。比如你把新闻手抄在小本子里、输入电脑中，甚至换一种语言记录，信息都还是信息。

回到基因这个话题。物质和信息的双重属性，就导致了基因归属权的第一个争议。

基因作为物质，是我们人体的一部分。因此它和我们的器官一样，当然属于我们每个人，别人不能随意地获取。但是如果我们考虑到基因的信息属性，基因信息又该属于谁呢？要知道，我们的基因信息并不是我们自己发明创造出来的，它是生物进化而来的，是我们从父母那里继承来的，它同时也会在我们的兄弟姐妹和其他亲戚体内存在。既然如此，我们凭什么对这些信息拥有独占权呢？但是，如果我们没有对自己基因信息的所有权，那我们又怎么防止自己的基因信息被别人滥用呢？

所以你看，因为具备物质和信息的双重属性，基因的归属权就出现了争议。

说完了基因的第一个特性，接下来我们再说基因的第二个特性：基因信息的测序和解读是一项门槛很高的技术。

人类基因的总和——也就是我们常说的"人类基因组"——

是由 30 多亿个脱氧核糖核苷酸分子按照独特的顺序串联起来的产物。想要完整获取这套基因组的信息，一直是一个很困难的任务，在可预见的未来也将是如此。

在 2003 年，人类第一次测定人类基因组序列，花了 15 年时间、30 亿美元。今天，基因组测序的成本已经降低到 1000 美元之下，但是仍然需要动用非常先进的基因测序仪。这项任务显然不是我们每个人随随便便在自己家里就可以完成的。而且，对基因信息的解读更是一项至今都远没有完成的任务。很多时候，一个科学家团队需要好几年的努力，才能理解一个特定的基因位点，到底在多大程度上，怎样影响了哪一个人类特性。

基因信息难以测序和解读的特性，很容易导致基因归属权的第二个争议。既然对基因进行测序和解读需要高度的人类智慧和经验，那负责测序和解读的人难道不能说，解读出来的基因信息他们也有所有权吗？打个比方，一家公司从地下挖掘出石油之后加以提炼，变成汽油、煤油、塑料化纤这些化工产品，我们总不能说，因为石油是大自然的产物，所以这些化工产品你也没有所有权，必须免费给我们用吧？

基因是物质也是信息，基因的测序和解读技术门槛非常高，这已经够让人头疼了吧？

基因还有第三个很麻烦的特性，就是它的公共性。

所谓公共性，是说一个人的基因序列信息，如果孤立地看，几乎毫无价值。它必须和大规模人群的基因信息加以比对，基因信息才真正可以被人类理解。举个例子。现在我们已经知道，

有两个名叫 *BRCA1* 和 *BRCA2* 的基因，如果发生遗传变异，会大大提高女性患上乳腺癌和卵巢癌的风险。具体来说，科学家们找到了几个世代出现了乳腺癌和卵巢癌患者的家族，发现在这些家族当中，那些携带 *BRCA1/2* 基因突变的女性，在 50 岁时患上恶性肿瘤的概率高达 90%，远远超过普通人的 5%。围绕 *BRCA1/2* 基因的科学研究、临床应用乃至法律纠纷，我们接下来会深入探讨。

在这里，咱们先问一个问题：科学家们是怎么知道这两个基因如此重要的呢？这个问题，就涉及基因的公共属性了。

历史上，有一群科学家发现，在一些癌症高发的家族里，每一代家庭成员里都有人死于恶性乳腺癌或卵巢癌，所以科学家们就对这些家族进行了详细的研究，最终找到了罪魁祸首——就是 *BRCA1/2* 基因的变异。根据这些信息，才有公司开发出了针对 *BRCA1/2* 基因的检测方案，帮助人们提前预警恶性肿瘤。

当然，这些科学家的研究都征得了这些家族成员的允许，一切都是合法合规的。但是我们不妨反问一个问题：基因在自己身体里，如果这些家族成员死活不同意研究怎么办？

这些基因信息关系到全人类的健康，那我们是不是可以强制获取呢？但另一方面，既然这些家族成员提供了这些基因信息，而且非常有用，那他们能不能声称对这些信息有一定程度的所有权呢？

从这个角度说，基因信息具有很高的公共属性。在未来世界，它甚至可能会成为类似阳光、空气、水一样的基础公共资源，服务每一个人。既然如此，允许每个人绝对的独占权，似乎说不过去；但非要强制每个人都彻底分享，似乎也有点欺负人。

我来总结一下：

1. 基因作为我们每个人身体的组成物质之一，和我们的身体器官一样，天然应该属于我们每个人自己所有。

2. 但是基因的三个重要的特性，又让基因的归属权变得扑朔迷离。这三个特性分别是：基因物质和信息的双重属性，基因测序和解读的高难度，以及基因的公共性。因为这三个特殊的属性，除了我们自己之外，就多了一大堆利益相关方，似乎他们也有理由声称对基因有某种程度的所有权。

3. 这些利益相关方里面，特别重要的有，帮你测序和解读基因的公司或者研究机构，还有你所在的群体和国家。

三

明白了基因的三个特性，现在你就知道为啥长期以来，基因的归属权一直不清不楚、争议不断了。接下来，我们就从这些归属权的争议和利益相关方出发，梳理一下围绕基因信息的解读和利用，出现过什么争议。

第一个层面的争议是，如果一个人或者一个机构发现了一个新的人类基因，它能不能对此申请专利，并且获得商业上的回报呢？

在人类基因组计划完成之前，想要发现一个人类基因，在技术上是一件很困难的事情。咱们就拿刚才说过的 *BRCA1/2* 基因为例，从找到癌症多发的家族，到真正获得这两个基因的序列，前后耗费了好几年时间。所以，研究者们天然就希望能够利用专利保护自己的权益和前期投入。你看，我花了这么长时间、这么多钱来寻找人类疾病基因，总得让我有点经济上的回报吧？

所以在 20 世纪后半叶，大学、研究所和公司为新发现的基因申请专利是一个常规操作。以美国为例，专利局先后批准了超过 4000 个人类基因的专利，人类基因组上超过 20% 的基因都被专利保护起来了。

但是仔细想想的话，给基因申请专利，逻辑上是有点问题的。要知道，世界各国《专利法》的保护对象都是"发明"，就是一个人动用自己的创造力从无到有制造出来的东西。20 世纪80 年代，美国最高法院对于什么样的对象可以被授予专利权曾经有过一个著名的论述——"太阳之下一切人所创造的东西"（anything under the sun that is made by man）都可以被授予专利权。反过来，如果不是被人创造的，比如你在宇宙里发现了一个新的恒星，在草原上发现了一个新的物种，在实验室里发现了一条新的物理定律，这些发现都不会被专利保护。其背后的逻辑在于，这些发现它们是天然存在的，应该属于全人类的公共财产，而不应属于任何特定的专利权人。

要是这么说的话，基因也是天然存在的，科学家找到某一个基因好像也是一个发现，而不是所谓的"发明创造"啊？为什么居然就能申请专利保护了呢？

这是因为，专利局所批准的这些所谓的"基因"专利，一般而言并不是天然存在于生物当中的基因本身，而是由这些天然形式出发，得到的所谓"分离"出来的或"纯化"形式的基因。当时的专利审查认为，经过这样转化后得到的基因，并不是天然存在的物质，应当属于一种"发明创造"。这种逻辑，其实就是利用了咱们刚才讨论的基因的第一个特性——同时具备物质属性和信息属性。虽然通过转化之后，基因信息属性基本没有发生变化，但是由于它们是天然形式的基因经过人为加工处理之后得到的，本身算是一种新的人造物，所以也具备被授予专利的条件。必须得说，允许给基因申请专利在当时的技术条件下，可能是利大于弊的。因为它激励了大量的研究机构和公司投入到寻找人类基因，特别是与人类疾病相关的基因当中去。

但是慢慢地，问题就出来了。一个和疾病高度相关的基因，其实是有非常直接和巨大的应用价值的。比如说，一家公司可以开发一个检测这种疾病基因的技术，然后出售基因检测的服务，帮助人们检查自己是不是携带这个疾病基因。作为这个基因专利的所有人，这家公司能够垄断围绕这个基因的所有检测和诊断服务——哪怕有个新公司，发明了一个新技术，能通过完全不同的技术路线来做基因检测，只要它检测的是同一个基因，就不允许。

这种彻彻底底的独占性，在商业上当然价值很大，但仔细想想是有点可怕的。

比如说，如果一家拥有这个基因专利的公司提供的检测服务本身有瑕疵，错误率很高，那可是会要人命的事情。而更要命的是，患者和医生就算对检查结果有所怀疑，也根本找不到第二家公司帮他们做第三方验证。

我们甚至还可以假设一个更极端的案例。假设某种人类疾病和两个重要基因相关，但是这两个基因的专利权分别属于两家不同的公司。那就意味着，如果想要对这种疾病进行精确的预警，需要同时征得这两家公司的许可，进行基因检测才可以。而如果这两家公司因为某种原因拒绝合作——类似的场景在商业史上出现过太多次了——那可能就意味着就算人类已经完全掌握了这种疾病的所有知识，但却只能眼巴巴地看着，什么事情都做不了。这种景象光是想想就让人头皮发麻。

刚才咱们提过 2003 年完成的人类基因组计划。其实当初有一大批科学家推动这个项目，原因之一就是希望干脆动用公共资源，赶紧把所有人类的基因信息测序公开算了，阻止再有人通过专利独占某个基因的使用权。

这些越来越多的争议，最终带来了改变时代的一场官司。

这场官司的被告，是一家叫作 Myriad Genetics 的公司，这家公司在基因诊断领域是一个不折不扣的传奇。在 1990 年，美国加州大学伯克利分校的科学家通过分析很多乳腺癌和卵巢癌高发的家族，在人类 17 号染色体上定位了一个和癌症风险高度相关的基因。在那个时候，人们还不知道这个基因具体是什么、有什么序列特征。到了 1994 年，这家叫作 Myriad Genetics 的公司完成了这个基因的测序，并且立刻为这个基因申请了专利，从此成为癌症基因检测领域唯一的玩家。随后几年，它们又获得了另一个癌症相关基因的专利。

很显然，针对这两个基因的检测服务将会给公司带来滚滚财源。从 1996 年产品上市，基因检测为这家公司带来了超过 20 亿美元的收入。

你可能猜到了，这两个基因，就是我们前面提过的，一旦变异就会大大提高女性患上乳腺癌和卵巢癌风险的 *BRCA1/2* 基因。

但是请注意，在基因专利的保护下，Myriad Genetics 公司可以独占市场，随意定价。做一次 *BRCA1/2* 的基因检测，需要花费 4000 美元，这超过很多美国女性的承受能力。对她们来说，Myriad Genetics 公司的基因专利，就是横亘在生和死之间的分水岭。

面对这种局面，终于有人坐不住了。

2009 年，超过 20 个原告集体将这家公司告上法庭，声称基因这种生物进化的天然产物根本就不应该被专利保护，Myriad Genetics 公司的专利应该被统统宣布无效。这些原告当中，有急需进行基因检测的普通人，也有科学家团体，而真正的主导者，是一个非常引人注目的民间团体——美国公民自由联盟。

你可能不熟悉这个在美国司法历史上鼎鼎大名的团体。在美国，许多为大众争取基本权利的大官司，比如允许跨种族通婚、废除种族隔离、保障犯罪嫌疑人的法律权利等，都是美国公民自由联盟打的官司。你肯定看过美剧里警察抓犯人时必须说的那段话吧，"你有权保持沉默，但是你说的每句话都可能被当作呈堂证供"，它也是美国公民自由联盟的杰作。

这个团体居然会在一场高度专业化的基因专利权的官司上出手，你就可以想象，基因的所有权问题，已经上升到公民基本权利和自由的高度了。在反复的上诉和交锋之后，这场官司最终在 2013 年上了美国最高法院。大法官们以 9 : 0 的悬殊投票支持了初审判决，判定 Myriad Genetics 公司败诉，从基因的信息属性出发，认定基因不可以被专利保护。

这项判决的影响是极其深远的。在判决当天，就已经有公司开始以极其低廉的价格提供 *BRCA1/2* 的基因检测服务。从此之后，基因信息作为人类共同的知识财富，被广泛和自由地分享和使用。这当然大大加速了相关领域的研究进展，也推动了更多基因检测公司的出现。

值得注意的是，美国最高法院在做出压倒性判决的同时，实际上还同时照顾到了基因的物质属性和基因研究的技术门槛，给基因相关产业留下了广阔的生存机会。

具体来说，在否定基因专利的同时，法官们对另外两类专利开了绿灯。他们认为，用来采集和分析基因序列的技术，是可以申请专利的；同时，如果一段基因被人为地加以改造，那么就不再被看作是纯天然产物，自然可以申请专利。这就为基因工程制药的发展留出了空间。

打个比方，这就像在说：天然存在的铁矿石不能申请专利，但是如果一家公司开发了一种铁矿石冶炼技术，能够又快又好地炼钢，那这项技术本身是可以被专利保护的。如果有另外一家公司用钢材深度加工，做出了小汽车、飞机、电线，这些产品也是可以被专利保护的。

说到这里，对于商业公司和个人关于基因的所有权的争议，我们就讨论完了。我来简单小结一下。

在目前世界主要国家的司法实践中，人类天然存在的基因是不能申请专利的。作为生物漫长进化史的产物，基因信息属于全人类的共同财富。从这个角度说，不管是我们每个人，还是任何一个研究基因信息的机构或者公司，都无权独占基因信息。但是与此同时，又因为基因具备物质和信息的双重属性，基因序列的获取和解读有着很高的技术门槛，所以法律也保护基因检测技术的专利权，保护对人类基因进行深度改造的专利权。

四

现在你知道了关于基因归属权的第一个争议，也就是商业公司和个人之间的冲突。接下来，我们讨论一下围绕基因归属权的第二个争议：

一个国家是不是可以，而且需要保护本国公民的遗传资源？

这个争议的底层逻辑，是基因的公共性。事实上，基因信息不光和我们每个人密切相关，一个群体也可能会拥有自身独特的基因分布特征。这种群体性的基因分布特征，可能会有重要的国家战略意义。

说到战略意义，你可能产生的第一个想法是：一个国家的基因分布特征能不能被用来开发基因武器，实现对某个国家全体人民的精确打击？

老实说，类似的想法互联网上还真有不少。但我必须得说，这个真的是杞人忧天了。在十万年的大规模迁徙和通婚之后，没有任何一个种族或者国家会拥有什么独一无二的基因标志。

但是请注意，这可不是说基因分布特征就没有国家战略意义了。在和平时期，商业利益和产业布局，可能才是更核心的战略价值。

在我看来，基因分布特征的战略意义主要体现在下面两个方面：

首先，是基因信息本身的战略价值。站在国家层面考量，一个国家内部独有的和高发的疾病，和相关的重要疾病基因，理所当然应该是国家战略资源的一部分。

举两个例子吧。第一个例子是鼻咽癌。中国是全世界鼻咽癌患者最多的国家，全世界 80% 的鼻咽癌患者都出现在中国。而在中国境内，鼻咽癌又主要出现在华南几个省，特别是广东一省的病例就占到全国的 60%、全世界的一半。这种疾病的发病和许多因素有关，比如饮食习惯、生活环境、病毒感染，当然还有基因变异。

这样一来，寻找鼻咽癌的致病基因就成了中国科学家当仁不让、义不容辞的任务。因为如果我们不做，国外科学家整体上缺乏研究这个问题的驱动力。即便有人有动力研究，可能他们也找不到足够多的患者样本开展研究。与此同时，如果能够找到鼻咽癌的相关基因，就可以显著地推动鼻咽癌的基因检测和药物开发。

在咱们这本书前面的故事里，我已经讲了这么一个非常精彩的科学发现。中国和新加坡的科学家们合作证明，两种起源于中国南方的 EB 病毒，可能是鼻咽癌高发的罪魁祸首。[3]

另一个例子和肺癌有关。

非小细胞肺癌是一种在世界范围内都非常非常见的癌症。在详细对比后，中国科学家们发现：中国和欧美的患者有很大的区别。中国患者携带一个特殊的基因变异——*EGFR* 基因变异的比例，要大得多。

基于这个基因分布的差别，科学家们进一步发现，有一类针对 *EGFR* 基因突变设计的癌症靶向药物（如吉非替尼），在欧美患者当中效果并不好，但在中国患者当中，特别是不吸烟的

3　Xu M et al, "Genome sequencing analysis identifies Epstein–Barr virus subtypes associated with high risk of nasopharyngeal carcinoma," *Nature Genet*, 2019.

中国患者当中，有非常好的疗效。[4]

这个例子也非常正面地说明了，一个国家内部的遗传资源可能会带来什么独特的医学和产业价值。

还有，除了基因本身的战略价值，围绕基因信息的相关技术，从获取基因、测序，到解读基因，也都具备国家级别的战略价值，特别是基因测序技术。

基因当然非常重要，但是想要让它发挥作用，无论如何我们总得先读取基因的具体序列信息，然后才谈得上分析、解读和应用。这种测定基因当中每一个特定核苷酸顺序的技术，就叫作基因测序。

从 20 世纪 70 年代开始，先后有三代革命性的基因测序方法被发明出来。2003 年完成的人类基因组测序，使用的是第一代基因测序方法。在 21 世纪初，二代测序技术开始出现，迅速降低了基因测序的成本和时间周期，让基因信息真正开始具备实用价值。一直到今天，二代测序技术都是世界范围内基因测序的主流技术。在二代测序技术的战场上，迅速形成了高度的独占局面。原本有三个大玩家——美国的 Illumina 公司、ABI 公司和瑞士的 Roche 公司。如今，ABI 和 Roche 的基因测序仪已经停产，只剩下 Illumina 公司一家独大。这家公司生产的测序

---

4 Fukuoka M et al, "Biomarker Analyses and Final Overall Survival Results From a Phase III, Randomized, Open-Label, First-Line Study of Gefitinib Versus Carboplatin/Paclitaxel in Clinically Selected Patients With Advanced Non–Small-Cell Lung Cancer in Asia (IPASS)," *J Clin Oncol*, 2011.

仪产出了全世界超过 90% 的基因序列信息，是不折不扣的绝对寡头。换句话说，Illumina 一家公司，就卡住了整个基因检测市场的脖子。这可是一个超过百亿美元、年增长速度达到两位数的超级市场。这项技术的垄断程度，甚至远远超越了经常被我们提到的战略制高点，比如计算机 CPU、核反应堆和航空母舰。

因此不管是为了防止卡脖子，还是为了在高端市场分一块蛋糕，基因测序技术理所当然会成为大国需要强力支持的战略产业。

值得提出的一个正面典型，就是前面我们提到的华大基因公司。这家公司传统上是基因测序领域典型的下游厂家，主要靠大量购买测序仪，为国内外客户提供测序服务。但是在 2013 年，华大集团以 1.176 亿美元收购了纳斯达克上市的基因测序公司 Complete Genomics，并且获得了这家公司基因测序仪的全部知识产权。在那之后，华大也推出了自己的基因测序仪，并且在国内还获得了不错的销售量。

好了，围绕基因所有权的第二个争议我们就讨论到这里。我简单小结一下。

基因信息来自我们每个人的身体，并且应该在全世界范围内自由的共享和使用。但是因为基因信息分布的不均匀，导致每个群体、每个国家可能都会拥有特殊的基因分布特征。这种基因分布特征，是一个国家级别的战略资源。

这种战略意义，体现在两个方面。基因信息本身就具有高度的战略价值，分析一个国家内部的特定基因分布规律，可以有针对性地研究这个国家内部多发的疾病，更好地帮助这个国家的人民。而作为整个基因产业的枢纽，基因序列的解读技术本身也同样具有高度的战略价值。

五

明白了基因信息的价值，和围绕基因归属权所产生的争议，这个问题更具有现实意义：我们每个人，该如何保护自己的基因信息？

基因信息是如此重要，而基因信息的归属权又如此模糊不清、充满争议。那么你可以想象，你的基因信息在不远的未来，一定会变成各方虎视眈眈的肥肉。也因为这种担心，欧盟已经正式通过并实施了通用数据保护条例（General Data Protection Regulation，简称 GDPR），其中也包含了对于基因信息和个人生物识别数据的使用规范。中国的个人信息保护法，也正在制定中。

在这里，我想提供几条实操经验，帮助你更好地保护自己的基因信息。

1. 没有必要购买商业性的基因测序服务。市场上现在有大量商业化基因检测公司，但我要强调一句，在今天的技术水平下，一个健康人根本没有任何必要接受这些基因检测，那些解读也不会对你提供什么有意义的生活帮助，反而可能会在不经意间泄露你的基因信息。因此，不做也罢。

2. 在某些场合，基因检测对于疾病诊断和药物选择是很有帮助的，比如癌症患者的疾病分型、遗传病的确诊。如果是因为疾病原因必须接受基因检测，那么请认真阅读授权书，明确你的基因信息不会被随意分享和公开。

3. 也有不少研究机构在开展人类基因的大规模研究，因此有时候你可能会受到邀请，希望你贡献自己的基因参与研究。这种情形我认为可以接受，毕竟学术机构没有商业利益的纠缠，不会随意乱用你的基因信息。但即便如此，在参与相关研究的时候，也一定要仔细阅读知情同意书，确保在被解读和分析的时候，它们不会把你的个人身份信息泄露出去。

最后，我需要再强调一次：基因是未来人类世界非常重要的战略资源，对基因信息的解读和利用，甚至会成为人类未来生活的基础设施。重视它、保护它、思考它可能带来的产业机会，是我们每个人现在就可以开始做的事情。

巡山大事记

我记录了 2018 年 11 月 1 日至 2019 年 10 月 31 日之间全世界生命科学界发生的重大事件。这些事件有些可能曾经占据你的朋友圈和新闻头条，有些可能从未引起你的关注。不过，我挑选这些大事件的理由却是一样的：在我看来，发生在这段时间里的这些事件，将很可能在更长的时间尺度上，对人类关于生命现象的理解，对人类的生存和生活方式，对我们每个人，产生重要而持久的影响。

1

基因编辑婴儿[1]

2018 年 11 月 26 日，时任中国南方科技大学副教授的生物学家贺建奎，宣布他找到了一种让人类婴儿天生就对艾滋病病毒免疫的新方法。他在接受美联社专访时宣称，他的实验室利用一种名叫 CRISPR/cas9 的基因编辑技术，在至少七对夫妇的受精卵中，修改了一个名为 *CCR5* 的特定基因。其中一对夫妇的一对双胞胎女儿已经出生了。在这种基因编辑操作之后，他说，天生携带 *CCR5* 基因缺陷的婴儿将永远不需要担心艾滋病病毒的入侵。

1 Marchoine M, "Chinese researcher claims first gene-edited babies," The Associated Press, 2018.

2

老年痴呆可以传染 [1, 2, 3]

2018 年 12 月 13 日，英国《自然》杂志发表论文称，阿尔茨海默症可能是一种类似于疯牛病和人克雅氏病的传染性疾病。

克雅氏病是一种发病率极低的人类疾病，它是由于朊病毒在人的神经细胞内自我复制、大量聚集，导致神经细胞大面积死亡的疾病。和一般所说的病毒不同，朊病毒不含有任何 DNA 或者 RNA 等遗传物质，仅由蛋白质分子构成。因此，朊病毒的复制方法也与众不同，朊病毒能够靠近其他正常的蛋白质分子，改变它们的三维结构，让它们变得更"像"自己。曾经，这种疾病在巴布亚新几内亚的食人部落中流行。在当今世界，克雅氏病的主要传播途径是不小心食用了患上疯牛病的牛肉，或者和其他人类克雅氏病患者的身体组织产生了密切接触。比

---

1 Jaunmukane Z et al, "Evidence for human transmission of amyloid-β pathology and cerebral amyloid angiopathy," *Nature*, 2015.

2 Purro SA et al, "Transmission of amyloid-β protein pathology from cadaveric pituitary growth hormone," *Nature*, 2018.

3 Dominy SS et al, "Porphyromonas gingivalis in Alzheimer's disease brains: Evidence for disease causation and treatment with small-molecule inhibitors," *Science Adv*, 2019.

如说在英国，已经发现有几十位克雅氏病患者，是接受了从人类尸体中提取的生长激素治疗疾病的时候被传染上的。人们猜测，这些尸体捐献者，很可能生前患有自己都未曾察觉的克雅氏病。

这件事又和阿尔茨海默症有什么关系呢？

早在 2015 年，一群科学家偶然间通过尸检发现，某些生前接受过生长激素治疗的克雅氏病的患者，他们的大脑里居然出现了非常类似阿尔茨海默症的 Aβ 蛋白斑块（参见前文，"闪烁光疗法：阿尔茨海默症的新曙光？"），因此提出了一个大胆的猜测：也许阿尔茨海默症和克雅氏病一样，也是可以传染的。两种疾病的来源，都是那些捐献尸体的人。

在 2018 年底，为了进一步说明阿尔茨海默症的传染性，同一群科学家又找到了当时这些克雅氏病患者所接受的生长激素药物的残留样品，注射到小鼠大脑中，确实发现会产生不少 Aβ 蛋白的斑块。他们还从几位阿尔茨海默症的患者大脑中切取了一些组织样本，磨碎之后直接注射到小鼠的大脑中，也能看到类似的结果。

这些最新的发现提示了一个可能性，那就是可能至少一部分阿尔茨海默症患者的疾病，是通过某种未知的途径——也许是手术器材消毒不够彻底、也许是接受了其他患者的器官捐献等——传染的。

无独有偶，在一个多月之后，另一项研究也提出了阿尔茨海默症可以传染的猜测。更有意思的是，这一次，研究者们发现的，是完全不同的一种传染方式。

2019 年 1 月 23 日，发表在《科学进展》杂志上的一篇论文说，阿尔茨海默症可能和一种常见细菌的入侵有关。研究者们分析了五十几位阿尔茨海默症死者的大脑样本，结果在超过90% 的大脑中，发现了一种很奇怪的细菌——牙龈卟啉单胞菌。之所以说奇怪，是因为这种细菌原本应该生活在人的口腔里，它也是导致一系列牙龈疾病的罪魁祸首。但是在阿尔茨海默症死者的大脑中，这种细菌入侵了大脑很多部位，空间分布还和标志性的 Aβ 蛋白斑块高度重合。而更有意思的是，如果把牙龈卟啉单胞菌种植到老鼠体内，它也能入侵老鼠的大脑，并且引起类似阿尔茨海默症的一些表现，比如神经细胞的死亡。

根据这些数据，研究者们猜测，也许这种口腔细菌的传播和扩散，是阿尔茨海默症的发病原因。而与之相对应的，也许杀死这种细菌的药物，也能够治疗阿尔茨海默症！

一个说阿尔茨海默症可以直接人传人，一个说阿尔茨海默症可能是口腔细菌导致，这当然是两项相当离经叛道、惊世骇俗的研究。但是考虑到时代背景，这一点也不难理解。

在前面的故事里我们已经聊到过，传统上人们一般认为这种疾病是Aβ蛋白在大脑中错误堆积、杀伤神经细胞所导致的，但是这个所谓的Aβ模型正在遭受越来越多的挑战和质疑。阿尔茨海默症正在进入科学范式转移的历史大时代。在这段时间里，我们肯定会看到各种全新的疾病假说层出不穷，也许我们还需要等待更长的时间，才能看到尘埃落定。

单就这两项具体的研究而言，想要真的说明阿尔茨海默症的传染性，还有更多的实验需要做。比如说，研究者们需要严格证明，来自其他患者的Aβ蛋白，来自其他患者的牙龈卟啉单胞菌，和阿尔茨海默症的发病之间，有很强的因果关系。更重要的是，如果阻断这两种物质的传播，就能大大降低阿尔茨海默症的风险。

即便这些都得到了严格证明，我们其实也很难想象阿尔茨海默症的发病机制就得到了彻底解决。原因很简单，绝大多数患者可能从未接受过生长激素治疗，也没有接受过器官移植；而还有更多的健康人体内也有大量的牙龈卟啉单胞菌。也许在未来我们会发现，阿尔茨海默症其实是一类疾病，而不是一种疾病。不同的患者，不同的发病原因，可能需要不同的预防和治疗手段。

3 　　　　　　　　　　　　　　　　疟疾抗癌争议[1]

2019 年 1 月 23 日，在中国科学院主办的 SELF 格致论道论坛的一次演讲中，中科院广州生物医药与健康研究院的陈小平研究员介绍了自己"疟疾抗癌"的研究。在演讲中陈小平提到，第一批接受疟原虫注射的 10 位晚期癌症患者，"已经有结果了"。其中五例是有效的，有两位患者"可能已经被治好了"。在农历新年前后，陈小平的演讲引爆了整个中文互联网。赞美者说他开辟了癌症治疗的全新途径，批评者则说他的研究充满问题，并且有违反临床研究伦理的嫌疑。

1　陈小平：《疟原虫成为抗癌生力军》，self.org.cn，2019。

4 夜视小鼠 [1]

　　2019 年 2 月 28 日,中国科技大学薛天教授领衔的研究团队在美国《细胞》杂志上发表论文,说他们创造了一种具备夜视能力的小鼠。在这项研究中,科学家们制造了一种能够吸收红外光、发射可见光的纳米颗粒。如果把这种颗粒注射到小老鼠的眼球内,它们会紧紧地贴在小鼠视网膜上,可以让小鼠"看"到红外线。换句话说,这项新技术让小鼠获得了前所未有的夜视能力,为未来人脑感觉功能的拓展提供了一种全新的思路。

1　Ma Y et al, "Mammalian Near-Infrared Image Vision through Injectable and Self-Powered Retinal Nanoantennae," *Cell*, 2019.

5

伦敦病人 [1]

2019 年 3 月 5 日，英国剑桥大学的生物学家拉文德拉·古普塔（Ravindra Gupta）宣称，他带领的团队利用造血干细胞移植，亲手创造了人类历史上第二例艾滋病被彻底治愈的患者。这位不愿意透露姓名的男性患者，从此拥有了一个将会载入史册的代号"伦敦病人"。

---

1 Gupta RK et al, "HIV-1 remission following CCR5 Δ 32/ Δ 32 haematopoietic stem-cell transplantation," *Nature*, 2019.

6

久违的抑郁症新药[1]

2019 年 3 月 5 日，美国食品药品监督管理局（FDA）正式批准了美国强生公司的一款新药 Spravato。这款鼻喷雾型的抗抑郁新药，结合口服抗抑郁药使用，可以用来治疗顽固的耐药型抑郁症患者——也就是尝试过至少两种抗抑郁药治疗但没有明显作用的患者。1987 年以来，Spravato 是第一款拥有全新治疗机制的抗抑郁新药，丰富了人类对抗精神疾病的武器储备，也提示了新一代抗抑郁药物的开发方向。

1　"FDA approves new nasal spray medication for treatment-resistant depression; available only at a certified doctor's office or clinic," FDA.gov, 2019.

7 聪明猴子[1]

2019 年 3 月 27 日，中科院昆明动物所的宿兵研究员和他的团队在中国杂志《国家科学评论》发表论文。他们在一种微型灵长类动物——恒河猴体内，转入了一个名为 *MCPH1* 的人类基因。研究者们发现，携带人类 *MCPH1* 基因的小猴子们，似乎呈现出了一定程度的"人类特征"。具体来说，这种转基因猴子的大脑发育和人类一样较为迟缓，同时它们表现出了超过同类的学习记忆能力。

---

1 Shi L et al, "Transgenic rhesus monkeys carrying the human MCPH1 gene copies show human-like neoteny of brain development," *Natl Sci Rev*, 2019.

8

复活猪脑[1]

2019 年 4 月 17 日，美国耶鲁大学尼那德·塞斯坦（Nenad Sestan）实验室在《自然》杂志发表论文声称，他们发明了一套名为 BrainEx 的人工生命支持系统。这套系统有点类似于外科手术里常用到的人工心脏，可以模拟血液循环，给大脑的血管泵入某种人工"血液"，为大脑提供氧气和营养。利用这套系统，他们能显著延缓猪脑的死亡过程，甚至还能在猪脑死亡几小时之后，让它们重新显示出某些生存的迹象。

---

1 Vrelja Z et al, "Restoration of brain circulation and cellular functions hours post-mortem," *Nature*, 2019.

9

能代替人说话的算法[1]

2019 年 4 月 24 日，《自然》杂志发表论文，报道了美国加州大学旧金山分校爱德华·张（Edward Chang）领导的一项研究。研究者们利用神经网络算法取得了惊人的成果：通过读取大脑皮层的电信号，机器可以直接"说"出这个人想要说的话！

我们知道，人类大脑能够采集外界环境丰富的信号输入，加以计算整合之后，产生脑海里的情绪和思想，最终再通过语言和动作向外输出。想要扩充人类大脑的功能，让我们能更广阔地接受信息输入，能够更高效地输出语言和动作，能够在脑海中孕育更丰富深刻的思想，我们首先需要的，是理解大脑是如何编码和处理信息的。

尽管直到现在，人类对于大脑是如何工作的仍然知之甚少，但是我们至少知道了大脑这个神秘黑箱的基本工作语言——那就是 860 亿个神经细胞分别呈现的微弱电信号波动。这些电信

---

1 Anumanchipalli GK et al, "Speech synthesis from neural decoding of spoken sentences," *Nature*, 2019.

号组成了一张无比庞大的三维信号网络，从中孕育出了神秘的人类智慧。因此，不管是想要理解大脑所思所想，还是拓展大脑的输入和输出，我们都需要采集大量的大脑神经细胞电活动信号，然后解读出其中蕴含的信息。

这就是充满科幻感的"脑机接口"研究。在咱们前面的故事里，我们也讨论过一些这方面的进展（参见前文"基因、感觉和缸中之脑：人类智慧的物理边界在哪里？"），这里讨论的这项研究正是脑机接口研究方向的一次重大突破。它关注的问题很直接：如何解读大脑的神经细胞活动，帮助人，特别是存在发声障碍的患者，实现高效率的语言输出。

将神经电活动"翻译"成语言，这个工作的难度是相当大的。我们可以类比一下另一种相对简单的大脑输出——运动。其实，通过读取脑电波信号，让瘫痪患者直接操纵电脑光标和机器手的运动，已经是一项有几十年历史的技术了。1998年，美国埃默里大学的科学家菲利浦·肯尼迪（Philip Kennedy）首次尝试了在一位存在运动障碍的患者大脑里植入了一根电极。这位患者在长时间的适应之后，能够有意识地控制大脑活动，来操纵计算机屏幕上一个光标的移动。2014年，浙江大学的科学家通过类似的技术，让一位癫痫患者能够控制机器手做出"剪刀石头布"的动作。2014年巴西世界杯开幕式上，一位残疾少年通过脑机接口控制外骨骼，完成了开球的动作。

脑机接口实现运动输出，看起来已经走在前面。这并不令人奇怪。毕竟，人类大脑运动皮层的神经细胞本身就直接控制了机体各个肌肉的运动，因此神经电活动和具体运动之间的关系是非常直接的。

但是语言输出就不一样了。人的大脑并不直接输出具体的语句，它首先控制的是发声器官的精细运动——舌头的位置，声带的开合，口腔的形状，等等。具体的语言实际上是发声器官形态就位之后空气流通和震动的结果。如果强行在神经电活动和具体的语句输出之间建立联系，效果往往是不尽如人意的。

为了模拟人类语言的真实产生过程，研究者们在五位癫痫患者的大脑皮层上放置了一块由上百个微小电极组成的记录装置，能够实时记录大脑皮层中大量神经细胞的电信号。同时，他们让患者分别大声朗读好几百个英文短句，精确地记录相对应的声波信号。之后，通过训练一个递归神经网络算法，研究者们通过声波信号反向推导出了发声器官的运动。这个过程很好理解，比如说听到"阿"，我们就可以简单地推测出这应该是一个口腔打开，舌头隐藏在下颚部位的动作。再之后，研究者们就用另一个递归神经网络算法，在神经电活动和发声器官运动之间建立了联系。简单来说，就是通过大量的训练，算法就知道了什么样的神经活动对应的发声器官具体应该在什么部位。

在这两个阶段的训练完成之后，神经电信号—发声器官运动—语言输出的路径就完成了。由此产生的机器语言已经相当接近人类的自然发声了，由第三者评估，准确率可以达到70%。

当然，这项重要的工作在很大程度上仍然只是概念性的，距离真正实用仍然有很遥远的距离。

首要的技术限制是如何高精度地采集大脑神经电信号。在这项研究当中，研究者们找到了一群本来就需要做开颅手术治疗的癫痫患者，因此可以直接在暴露的大脑皮层上直接采集信号。显然，对于健康人，或者大部分存在语言障碍的患者来说，开颅手术都是一项不必要、有风险的操作。而想要无创伤地采集神经电信号，由于颅骨导致的信号衰减，这项技术仍然极其困难。

另一个障碍是如何把这项技术推广到更多人身上。根据上面的描述你可能已经猜测到，这项技术需要大量的事先训练。神经网络算法本身并不知道如何"翻译"神经电信号，它需要被反复地"喂"进大量的数据才能掌握规律。这个过程类似于任何一个机器学习算法。而如果一个患者已经彻底丧失了说话的能力，甚至是彻底丧失了控制其发声器官的能力（比如晚年的霍金），那这套方法将毫无用武之地。有没有可能，开发出放之四海而皆准的算法，让它能不学而会地解读出人类语言呢？

当然，即便存在这些困难，这项工作仍然是一项重要的里程碑。它从概念上证明了脑机接口直接读取大脑活动输出语言的可能性。从某种程度上说，它正式开启了机器"读心术"的时代。

10 华人科学家被驱逐[1]

2019 年 5 月 19 日，网上有爆料称，在美国埃默里（Emory）大学任职的华人生物学家李晓江突然被解雇，他主持的实验室也被突然关闭。在几天之后，这条消息得到了埃默里大学官方和媒体的确认。

埃默里大学位于美国佐治亚州的亚特兰大，是美国南方一所著名的私立大学。这所学校在生物医学方面实力雄厚。在 2014 年，埃默里大学医院成功治愈了美国第一例埃博拉病毒感染者。在埃默里大学任职期间，李晓江的团队主要进行神经退行性疾病，特别是亨廷顿舞蹈症的研究。

除了是美国埃默里大学的讲席教授之外，李晓江还是中国"千人计划"入选者。根据网络公开资料，他在中国暨南大学粤港澳中枢神经再生研究院任教授，也是中国科学院遗传与发育研究所的特聘研究员。

---

1 Cohen J, "Terminated Emory researcher disputes university's allegations about China ties," *Science*, 2019.

2018 年，李晓江的团队曾经利用基因编辑技术制造出了携带亨廷顿舞蹈症变异基因的猪，轰动了全世界。值得注意的是，在当时发表的论文中，李晓江的工作单位同时列出了暨南大学和埃默里大学。

根据埃默里大学的官方消息，他们解雇李晓江，是因为他未曾向雇主披露他在中国机构的任职和研究经费情况。而根据李晓江本人的陈述，埃默里大学是在他访问中国期间突然下达了解雇通知，甚至未给他任何解释的机会——而他早已将在中国进行的研究如实披露给学校。与此同时，李晓江实验室工作的四位中国籍博士后研究人员也被同时解雇，并被勒令 30 天内离开美国。

尽管李晓江和埃默里大学的争端仍有许多细节不为公众所知，但是大多数人，包括我自己在内，都相信此事与中美之间愈演愈烈的争端有关。中国从 2008 年启动了吸引海外人才回流的"千人计划"。这个堪称是近代历史上规模最大的国家级引才计划，在过去 10 年中，大量的华人学者回国开展工作；与此同时，在中国拥有学术兼职的杰出美国华人科学家——他们一般在美国顶级研究机构拥有终身职位——数量可能达到数千人。

伴随着对"人才流失"的担忧，美国也开始对这一潮流展开行动。在美国的某些人看来，华人学者在中国学术兼职并开

　　　　　　　　　　　　　　　　　巡山报告

展研究工作，简直完美迎合了在各个领域内此起彼伏的、"中国盗窃美国知识产权和研究资源"的指控。就在 2018—2019 年，美国国家健康研究院院长弗朗西斯·科林斯（Francis Collins）屡次发言，宣称不少美国科学家和海外机构展开秘密合作、领取海外机构的报酬，甚至分享美国研究者的机密信息、转移美国机构的知识产权，矛头直指中国。就在 2019 年，已经有好几所美国大学用开除华人学者、关闭访问学者项目、要求学者汇报国外合作情况等方式，进行了"自查自纠"。例如，2019 年 4 月，美国著名的医学研究机构 MD Anderson 癌症中心已经有数位华人学者被迫离职。

因此，李晓江的被迫离职，很可能不是风暴的结束。在中美贸易战的大背景下，这些矛盾可能也代表着某些人正在试图推动中美在学术领域的"脱钩"。

在和平年代，在中美拥有学术兼职的科学家们能够从两边获得资源帮助自身发展，也同时帮助推动了两国之间的学术交流。但是当国家层面的互信出现问题时，他们的学术兼职，却很可能会成为双方共同怀疑和打击的对象——这是一种在激烈对峙过程中，总觉得自己吃亏了的心理。在我看来，我们可能不得不悲哀地承认，至少对于在美国任职的华人学者来说，他们的生存环境将会持续恶化。在最极端的情况下，他们面临的局面可能是，要么斩断和中国的学术联系，要么干脆回国任职。

毫无疑问，这对科学共同体、对科学交流、对中美两个国家，都不是一件好事。

对中国来说，这可能意味着从美国学习先进技术和吸引人才回流将变得更加困难。一个佐证就是，曾经轰轰烈烈的国家级引才计划"千人计划"已经不再大张旗鼓地宣传。而对于美国来说，我想要特别强调的是，这个国家在 20 世纪里辉煌的科学成就，本身就是科学思想、科学发现、科学工作者自由流动和广泛合作的受益者。涉及国家战略安全的核心研究需要保密，这个谁都能理解，但是如果把"人畜无害"的基础研究，统统装进所谓威胁国家利益的框里加以限制，那么打击的一定是整个人类世界的探索精神和创造力——美国也无法独善其身。

11

闪烁光治疗老年痴呆[1]

　　2019 年 6 月 5 日，美国麻省理工学院的蔡理慧（Li-huei Tsai）实验室公布了一项最新的研究成果：闪烁光疗法治疗阿尔茨海默症。他们发现，把老鼠放在以 40 赫兹频率闪烁的灯下，每天 1 小时，坚持几个星期，就可以有效地保护神经细胞，改善老鼠的记忆力，延缓神经退行性疾病。

---

1 Adaikkan C et al, "Gamma Entrainment Binds Higher-Order Brain Regions and Offers Neuroprotection," *Neuron*, 2019.

12

1型糖尿病的新疗法[1]

2019年6月9日，《新英格兰医学杂志》发表了一篇论文，提出了一种预防1型糖尿病的全新方法。研究者们在一项小规模的临床研究中发现，给1型糖尿病的高危人群连续14天注射一种抗体药物（teplizumab），就能将疾病的发作推迟2年，发病率降低50%。

这是有史以来第一种能够有效预防和推迟1型糖尿病发病的方案。消息公布后，这种药物的开发商——美国Provention Bio公司的股票瞬间上涨了超过200%。

你可能对1型糖尿病这种疾病不陌生。在我们每个人的血管中，一种叫作"胰岛素"的蛋白质分子专门负责降低血糖水平。但在1型糖尿病患者体内，负责生产胰岛素的胰腺β细胞大量死亡，导致胰岛素无法正常地生产和释放，从而导致可能致命的高血糖。这种疾病的发病率不低，仅在中国就有接近

1 Herold KC et al, "An Anti-CD3 Antibody, Teplizumab, in Relatives at Risk for Type 1 Diabetes," *N Engl J Med*, 2019.

1000 万人患病。

其实早在近 100 年前，1 型糖尿病就已经有了有效的治疗方案。既然患病原因主要是因为缺乏胰岛素，那患者只需要定期注射胰岛素，就能够维持基本正常的生活。从胰岛素被发现的 1922 年至今，胰岛素一直是每一位 1 型糖尿病患者必不可少的日常药物。而胰岛素药物本身，也经历了持续不断地升级和优化。

身体缺胰岛素，那就补充外源胰岛素——这种"缺什么补什么"的方法，我们可以称它为"替代疗法"。很多疾病的治疗主要就是通过替代疗法实现的，比如人工瓣膜、助听器、人造髋关节等。但是在替代之外，其实还有一种治疗疾病的思路。那就是找出疾病发病的真正原因，釜底抽薪地治疗疾病，我们可以叫它"对症疗法"。

就 1 型糖尿病来说，之所以胰腺 β 细胞会大量死亡，是因为人体的免疫系统错误地把它们当成了需要消灭的有害细胞。换句话说，1 型糖尿病是一种自身免疫疾病，发病原因在于自身免疫系统的过度活跃和错误攻击。因此，一个可能的治疗方法，就是设计药物抑制免疫细胞的攻击性，保护 β 细胞。

本次的全新突破，正是基于这个釜底抽薪的治疗思路。研究者们设计了一种药物，能够专门识别人体免疫细胞，阻止它们杀伤 β 细胞。这种名叫特布力单抗（teplizumab）的药物，能够特异地识别和结合免疫细胞上一个叫作 CD3 的蛋白质分子，阻止免疫细胞错误地攻击胰腺 β 细胞。

研究者们把这种药物用在一小群糖尿病高风险患者身上——特别是那些亲属患病、自己尚未患病的人。在这种药物的帮助下，1 型糖尿病的出现被大大延缓了。在未来更大规模的临床试验中，我们也有理由期待更多的惊喜：如果持续用药，有没有可能彻底阻止 1 型糖尿病的出现呢？

从"缺什么补什么"的替代疗法，到找到病因、对症下药的对症疗法，这项研究将注定在人类对抗糖尿病的历史上，留下重要的痕迹。

13   基因保卫战[1]

2019 年 6 月 10 日，中国国务院总理李克强签署国务院令，发布了《中华人民共和国人类遗传资源管理条例》，打响了中国人遗传资源的"保卫战"。巧合的是，美国也在差不多时间讨论起了同样的问题。两位共和党参议员马考·卢比奥（Marco Rubio）和查克·格拉斯利（Chuck Grassley），联名给白宫卫生和公共服务部写信，要求收紧美国对遗传资源的利用方式，特别是所谓防止中国公司获取美国人的遗传信息。大洋两岸的两个动作，标志着人类遗传资源和基因信息，正在成为大国之间战略和商业竞争的重要舞台。

---

1 Rubio, "Grassley Call on HHS IG to Examine Payments to Chinese-Linked Companies," rubio.senate.gov, 2019.

14 鼻咽癌的幕后真凶 [1]

　　2019年6月17日，一群来自中国和新加坡的科学家，在《自然·遗传学》杂志上发表了一篇论文。他们从中国南方地区的人群当中，发现了两种特殊的EB病毒类型。人们如果被这两种病毒感染，患上鼻咽癌的风险就会提高十几倍。迄今为止，这是人类发现的关于鼻咽癌最强、最危险的致病因素。这很可能会帮助我们更好地预防鼻咽癌的发生、更能对症下药地治疗鼻咽癌。科学家们同时分析，这两种病毒类型可能起源于中国华南地区，这也解释了鼻咽癌为何在中国广东地区非常高发。

1　Xu M et al, "Genome sequencing analysis identifies Epstein–Barr virus subtypes associated with high risk of nasopharyngeal carcinoma," *Nature Genet*, 2019.

15

硅谷钢铁侠的新玩具 [1]

　　2019 年 7 月 16 日，有"硅谷钢铁侠"外号的埃隆·马斯克（Elon Musk）又放了个大卫星。他旗下的公司"神经链接"（Neuralink）召开了一场重磅新闻发布会。在发布会上，马斯克亲自发布了一项听起来非常科幻的脑机接口技术——通过一个微型缝纫机，在人脑中插入非常纤细又很柔软的电极，再结合无线信号处理芯片，能够收集超过 3000 个人脑神经细胞的电信号。马斯克自己在发布会上说，他们计划明年就申请把这项技术应用于瘫痪患者，让他们只需要脑袋里想一想，就可以直接控制电脑和手机。

　　我们知道，人脑之所以能够完成复杂的运算，能够收集五花八门的感觉输入，能够指挥身体的精细运动，就是因为数以百亿计的神经细胞能够呈现出极其多样的电信号活动，从而编码复杂的信息。因此理论上说，如果能通过微型电极收集大规模的人脑电信号，并且解读出这些信号所代表的信息，确实可

1　Elon Musk, "An integrated brain-machine interface platform with thousands of channels," *bioRxiv*, 2019.

以大大拓展人脑的功能，比如控制机器手的运动、驾驶汽车和操纵手机，甚至实现人脑之间的直接联网。

但是我必须得说，埃隆·马斯克可能是个天生的鼓动家和商业奇才。他旗下的特斯拉电动车和猎鹰火箭也确实让人热血沸腾，但是说到脑机接口技术，说到拓展人脑功能，我们最需要的，可能还是基础研究的踏踏实实的进步。

说到底，人脑到底是如何完成复杂运算的，我们今天的理解实在是太过肤浅；而人脑数以百亿计的神经细胞的活动规律是什么，我们现有的信号采集能力又实在太过粗糙。换句话说，瓶颈在基础理论，而不在投资数额、市场需求，甚至也不在工程技术。

在这些限制之下，马斯克的公司固然做出了非常让人惊艳的产品雏形，但是这套系统到底能走多远，马斯克本人激进和夸张的商业风格是不是还会成功，我实在心中没底。我想，保持开放、持续关注，也许就是最好的态度。

16

基因编辑上临床[1]

2019 年 7 月 25 日，两家美国上市公司——艾尔建（Allergan）和艾迪塔斯（Editas）联合宣布，正式启动一项早期临床试验。在这项临床试验中，两家公司将要利用一种基因编辑药物，在 18 位患者当中，尝试治疗一种会导致失明的罕见遗传病——先天性利伯氏黑曚。这是 CRISPR/cas9 基因编辑技术第一次被正式应用在人体当中。

必须得强调一下，在此之前，CRISPR/cas9 技术已经被用来修改过人体细胞当中的基因。但是在那些实验操作中，科学家和医生们需要先把这些细胞从人体中提取出来，再进行基因编辑操作，最后再把这些细胞输回人体当中。这类操作的技术风险要小得多，毕竟基因编辑操作的对象是一群分离出来的细胞，而不是整个人体。

而这次正式开始的临床试验，是 CRISPR/cas9 基因编辑技

---

1 "Allergan and Editas Medicine Initiate the Brilliance Phase 1/2 Clinical Trial of AGN-151587 (EDIT-101) for the Treatment of LCA10," editasmedicine.com, 2019.

术第一次被直接应用于人体内部。在临床试验中，基因编辑药物将被直接注射到患者的眼球当中，在病毒的协助下找到并进入患者的视网膜细胞，修复这些细胞当中一个名叫 *CEP290* 的疾病基因，保护患者的视网膜和视力。这种操作，对药物的安全性和效率提出了巨大的挑战。打个比方，有点像一架飞机还在飞行的时候，派工程师去修复出了毛病的飞机发动机。

你很可能听说过 CRISPR/cas9 这种经常占领科学新闻头条的基因编辑技术。这种技术诞生于 2012 年，至今还不到 10 年。但是因为它上手非常容易、技术门槛很低、定位和修改基因的精度和效率都很不错，所以已经成为全世界最热门的基因编辑技术。

2018 年底，中国的科学狂人贺建奎就利用这种技术修改了人类婴儿的基因，还引来了全球范围的猛烈批判。我在本书第一章也做了详细解读。

但是请注意，这些批判可不是说这种技术本身是洪水猛兽，只会制造灾难。事实上，利用这项基因编辑技术研究基因的功能、改造动植物特性、修复人体当中的疾病基因、做各种感染性疾病的诊断，只要合理开发，都是大有前途的。

从 2012 年被发明至今，短短 7 年，CRISPR/cas9 技术已经走出实验室、走进医院，已经成熟到足以进行各种人体临床试验。这个速度远远超过了药物开发的传统节奏。这足以说明这项技术的巨大前景和飞快的进化速度。

在整个生命科学界的关注和努力下，CRSIPR/cas9 技术可能还会带给我们更多惊喜。

17

人兽杂交[1, 2]

2019 年 7 月 26 日,《自然》杂志的一篇新闻报道称,日本东京大学的科学家们正在计划制造人兽杂交的胚胎。当然了,所谓人兽杂交(human animal hybrid),其实只是个故弄玄虚、抓人眼球的标题。实际上,这些科学家们真正要做的,是把特殊的人类干细胞注射到老鼠甚至是猪的胚胎当中,让这些人类干细胞借助其他动物的胚胎环境,生长成各种各样的人体器官。换句话说,这项研究的最终目标,是为了给人造器官找一个适合生长的生物容器,在实验室里大规模培养出人造器官,用来做人体器官移植,帮助更多苦苦等待器官捐献的危重患者。

实际上在 2017 年,这些日本科学家已经利用动物模型做过类似的测试。他们把小鼠的干细胞,注射到天生没有胰腺的大鼠胚胎里,制造了大鼠小鼠的杂交生物。请注意,生物学概念里的大鼠和小鼠可不光是体形大小不同而已,它们代表的是完

1　Cyranoski D, "Japan approves first human-animal embryo experiments," *Nature*, 2019.

2　Lanese N, "First human–monkey chimeras developed in China," *The Scientist*, 2019.

全不同的两个物种。结果，等这些大鼠出生，它们体内携带了一个完全由小鼠细胞构成的胰腺。如果把这些胰腺切割出来，做个小鼠之间的器官移植，还真的能用来治疗别的小鼠的糖尿病。在这项 2017 年的研究里，科学家们制造的是小鼠和大鼠的杂交，小鼠提供了器官生长所需要的种子细胞，而大鼠提供的是供器官生长的环境。

你肯定能想到，这个研究其实就是为现在人和动物的杂交胚胎做的前期准备。今年年初，日本正式解禁了人兽杂交胚胎的研究，所以这些科学家就顺理成章地把他们的研究推进到了人体系统上。

当然了，从小鼠大鼠的杂交胚胎，推进到人和动物的杂交胚胎，这中间的技术障碍肯定不是一朝一夕能解决的。老鼠也好，猪也好，和人的生物学差别都非常大，人体细胞在这些动物的体内到底能不能生长，能不能变成器官，都是很值得怀疑的问题。

所以，这项新研究的前景，只能等最终的研究结果发表之后才能进一步讨论分析。但是对于这样一个你可能非常陌生的研究方向，我有必要在第一时间给你敲敲黑板提个醒——未来，这是个值得关注的领域。

我之所以认为这个领域值得关注，除了因为它可能会诞生全新的器官移植方式之外，还因为类似的研究也可能会引发严重的伦理问题。

我们不妨做这么一个思想实验：把人的干细胞注入动物体内，为我们制造心、肝、脾、肺、肾等可供移植的器官，当然很好。可如果一部分干细胞进入了动物的大脑变成了神经细胞，成为动物大脑的一部分，将会怎样？如果移植对象是小鼠或者猪，那我们猜想可能问题不大，老鼠和猪的脑子和人的差别太大，就算拥有了一些人类神经细胞，大概也不会产生什么惊人的结果。但是，如果移植对象是人类的灵长类亲戚，是猴子，甚至是猩猩呢？如果进入动物大脑的人类干细胞数量很多，让这些动物拥有了一颗拟人的大脑，那将会如何？

你甚至可以设想，如果我们事先剔除动物自身的神经细胞，同时让进入大脑的人类干细胞足够多，也许我们还能制造一颗极其像人的大脑——就像科学家们在大鼠和小鼠之间做的胰腺再生研究一样。如果你觉得这仅仅是我们头脑里产生的疯狂想法，那可就错了。

就在 2019 年 8 月，多家媒体报道，美国索尔克研究所的科学家，正在和中国科学家合作，在中国的某家研究机构里，实验如何产生人 – 猴杂交胚胎！这些科学家们把人类干细胞注入猴子胚胎当中，证明人的干细胞确实能够迁移到猴子胚胎的不同器官，并且替代部分猴子原本的细胞。人－猴杂交胚胎实际上已经被制造出来了。

当然，不管是做人－鼠和人－猪杂交研究的日本科学家，还是做人－猴杂交研究的美国和中国科学家，他们目前都仅仅是在实验室的培养皿里观察胚胎，并没有计划要把这些杂交胚胎重新放回动物母亲的子宫，让人－兽杂交的后代真的诞生。但是你仍然可以想到，这一步不管是因为伦理限制还是技术障碍，其实距离被突破都不再遥远了。

真到了那一天，我们刚刚的担忧就会变成一个非常实际的问题。一颗拟人的动物大脑，会体现人类的智慧吗？会做出什么我们无法预料的事情吗？

18

熬夜基因[1]

2019 年 8 月 28 日，美国加州大学旧金山分校的一群科学家，在著名的神经科学研究杂志《神经元》上发表了一篇论文，报道了一个人类世界中天然存在的基因突变。这个基因突变，位于人体一个名叫 *ADRB1* 的基因内部，携带这个基因突变的人天生就特别能熬夜。他们每天只需要睡 4.5 小时，就能保持充沛的精力。相比之下，普通人平均来说每晚需要睡八个多小时才能保证白天不犯困。

请注意，这是同一个实验室发现的第二个人类熬夜基因。早在 2009 年，加州大学旧金山分校的傅嫈惠（Ying-hui Fu）教授就发现了第一个人类熬夜基因——*DEC2*。携带 *DEC2* 基因突变的人，平均比普通人少睡 1.5 小时。而更重要的是，不管是 *DEC2* 基因突变，还是这次新发现的 *ADRB1* 基因突变，都不会影响人的健康和情绪状态。这些特别能熬夜的人就好像是从上帝那儿每天偷了几小时的光阴，而且还能把这个偷时间的本事

1　Shi G et al, "A Rare Mutation of β 1-Adrenergic Receptor Affects Sleep/Wake Behaviors," *Neuron*, 2019.

一代代遗传下去。

你可能会好奇：这些科学家是怎么发现这些人类基因突变的呢？答案其实并不复杂，他们就是把整个人类世界当成了自己的生物标本库和实验室。

我们知道，在父母生育子女的过程中，由于 DNA 复制错误而出现的基因突变是难以避免的。因此可以说，每个人类个体、每个人类家庭，都携带了这样或那样独特的基因突变。只不过在绝大多数时候，这些基因突变并不会产生任何影响，所以我们关注不到它们。但是在极少数情况下，这些基因突变可能恰好位于非常重要的基因内部，因此就会让子孙后代变得与众不同——或者是患上罕见的遗传疾病，或者是拥有罕见的天赋技能。而这些抽中了"遗传彩票"的人，自然也就成了生物学家们的研究对象。

熬夜基因的研究也是如此。傅嫈惠实验室长期在人群中寻找那些天生不怎么需要睡觉，特别能熬夜的人。特别是如果有些人整个家族都有这个本事，就说明他们很可能是携带了某个熬夜基因的突变。接下来，再通过大规模的基因测序，对比他们的基因和普通人的基因的不同之处，就能找到这些基因突变。

在十几年的研究中，*DEC2* 基因和 *ADRB1* 基因就这样被发掘了出来。这也是人类目前知道的仅有的两个让人少睡觉的基因突变。

顺着这样的思路，你应该能想象：如果我们对人类行为的描述能够更精确、更全面，如果我们对人类基因的检测可以更便宜、更方便，那么也许在未来，我们会挖掘出更多的影响人类行为特点甚至是人格特征的基因突变。

听到这，我猜你可能想问个问题：我上班时间"996"，晚上还要再玩会儿手机，每天也睡得很少，是不是也是这些熬夜基因在起作用？我可以很有把握地说，应该不是。因为研究发现，这两个基因突变非常罕见。就拿 ADRB1 基因突变来说，它在人群当中的分布概率非常低，每 25000 人中才会有那么一个，DEC2 基因突变的概率就更低了。所以说，你抽中"遗传彩票"拥有熬夜基因的概率，大概可以忽略不计。而且更重要的是，这些天赋异禀的人是天然就不需要睡那么多觉。即使睡晚了也不需要闹钟就能早起，睡四五小时也不需要用咖啡提神醒脑。咱们普通人，羡慕羡慕就好。

19

同性恋基因[1]

2019 年 8 月 30 日，一项超大规模的同性恋研究发表在美国《科学》杂志上。在这项研究中，来自美国、英国、瑞典等国家的国际研究团队收集了近 50 万人的 DNA 信息，同时询问了每一位参与者是否有过同性之间的性行为。将 DNA 信息和行为信息比对分析之后，研究团队发现——一个人会不会发生同性性行为，是先天遗传因素和后天环境因素共同塑造的。遗传因素的贡献较小，占 8%~25%。环境因素的贡献相比之下更大，至少也有 75%。或者我在这儿套用一个可能不那么严肃的说法：一个人会不会发生同性性行为，有点像"三分天注定，七分靠打拼"。

当然了，所谓环境因素，你需要把它理解得宽泛一些。从胎儿在子宫里的生存环境，到家庭、学校、工作环境，甚至是某一天在某个餐馆里吃到的某个菜，都属于环境因素的一部分。

---

1 Ganna A et al, "Large-scale GWAS reveals insights into the genetic architecture of same-sex sexual behavior, *Science*," 2019.

在过去，人类科学家已经认识到，同性恋是一种普遍存在于动物世界的现象，可能背后有复杂的生物学解释。在围绕同性恋的讨论当中，特别重要的一个问题是：同性恋到底是先天塑造的，还是后天环境导致的？

这本身除了是一个重要的科学问题之外，还和很多社会问题、文化问题乃至法律问题纠缠不清。在不少时候，科学家甚至会自我设限，尽量不去碰这个有点敏感的话题。现在，这项有史以来最大规模的同性恋研究，基本可以对这个问题盖棺定论了——也许和所有其他的人类行为一样，同性恋是先天和后天因素共同影响的结果。当然，是不是同性恋，和有没有发生过同性性行为，这两个说法还是有一点微妙的差别的。你可能会想到，在某些特别的场合，非同性恋者可能也会出现同性性行为。但是在如此大规模的人群研究中，类似的例外情形应该会被稀释和抹平。

值得一提的是，除了发现同性恋是先天和后天因素共同作用的结果之外，研究者们还发现了五个具体的基因变异，能够影响同性性行为的发生。这个发现，在人类历史上还是第一次。

不过必须得说，这五个基因变异的影响都非常微小。举个例子你就明白了，其中影响最大的那个基因突变，也仅仅会让同性性行为发生的可能性上升0.4%。这就说明，尽管同性恋有确定的遗传因素影响，但是这些影响却不太可能是少数几个基因的作用，同性恋应该是由成百上千个基因变异，再叠加各种复杂的环境因素共同影响的结果。

对于同性恋平权运动来说，这应该是个好消息。因为这就意味着，很可能理论上我们无法通过基因检测，来预测谁是同性恋；也无法通过基因编辑这样的技术，人为地强行改变一个人的性取向。

20 又一次，基因编辑用于艾滋病治疗[1]

2019 年 9 月 11 日，北京大学邓宏魁、首都医科大学附属北京佑安医院吴昊，以及解放军总医院第五医学中心陈虎研究团队在《新英格兰医学杂志》发表论文，报道了一次利用基因编辑技术修改人类 CCR5 基因的尝试。他们找到了一位同时患上艾滋病和血癌的患者，找到了合适的骨髓捐献者，为他实施了造血干细胞移植。在移植前，他们在用于移植的骨髓干细胞上利用 CRISPR/cas9 技术对 CCR5 基因进行了编辑，试图让患者在治疗白血病的同时，也能获得对艾滋病病毒的抵抗力。移植手术成功治愈了患者的血癌，但因为基因编辑效率太低，并没有能够成功建立对艾滋病病毒的抵抗力。

1　Xu L et al, "CRISPR-Edited Stem Cells in a Patient with HIV and Acute Lymphocytic Leukemia," *N Engl J Med*, 2019.

21

肿瘤劫持神经系统[1,2,3]

传统上，我们认为肿瘤是身体细胞不受控制的疯狂生长导致的。在肿瘤发生和恶化的过程中，有大量的影响因素已经被我们熟悉并深入研究了，比如肿瘤细胞自身的复制能力和生存能力是如何增强的，比如肿瘤细胞周围为什么会长出丰富的血管，再比如人体免疫系统为何会失灵而让肿瘤细胞得以逃脱，等等。

神经系统和肿瘤，这两个东西很少被人们放在一起讨论，特别是人脑当中成熟的神经细胞，是一群几乎天生就不会引发癌症的细胞。它们从形成的那一刻起就丧失了复制分裂的能力，自然也就不太会变成癌细胞。反过来说，当人们讨论治疗癌症的时候，要么直接针对癌细胞本身，要么针对肿瘤周围的

1 Ventakaramani V et al, "Glutamatergic synaptic input to glioma cells drives brain tumour progression," *Nature*, 2019.

2 Venkatesh HS et al, "Electrical and synaptic integration of glioma into neural circuits," *Nature*, 2019.

3 Zeng Q et al, "Synaptic proximity enables NMDAR signalling to promote brain metastasis," *Nature*, 2019.

血管系统和免疫系统，也没有人会从神经系统这个角度去考虑对抗肿瘤。

但就在 2019 年 9 月 18 日，英国《自然》杂志同时发表了来自美国、瑞士和德国三个实验室的研究论文，证明至少对于脑瘤来说，神经系统不光和肿瘤相关，甚至还是肿瘤发生和恶化的关键推手。肿瘤细胞能够偷偷借用神经细胞发出的信号，促进自身的分裂、繁殖和转移。

想要说清楚这背后的故事，我们得先说说神经细胞在正常情况下是怎么工作的。就拿人脑来说，平均而言，有大约 860 亿个神经细胞，这些神经细胞孤立来看其实每一个都微不足道，没有了也不会影响任何东西，单个细胞也做不成任何事情。人脑的强大功能是靠神经细胞彼此之间形成的紧密连接来实现的。平均而言，每一个神经细胞会和超过 1000 个神经细胞形成一种叫作突触的连接，通过突触彼此传递信息。整个人脑拥有超过 100 万亿个突触连接，可以看成是一个巨大的、拥有 100 万亿个计算节点的三维信号网络。人类所有引以为荣的智能，都只能来自这个信号网络的活动。

而我们要说的这三篇论文同时证明，至少在小鼠模型中，脑瘤细胞会和周围的正常神经细胞形成突触，把自己变成这张巨大三维信号网络的一部分。不仅如此，脑瘤细胞居然可以借用这个信号网络当中天然存在的神经信号，来推动自身的生长繁殖和转移。换句话说，也许大脑正常的思考和活动，居然都能变成肿瘤的帮凶！

这又是怎么发现的呢？

三组科学家们分别独立发现了这么两件有点反常识的事情：

首先，他们在分析不同的脑瘤细胞的时候，发现这些细胞居然在一个地方很像神经细胞：两者都会非常积极地生产很多和神经信号传递有关的蛋白质分子。

其次，他们又用电子显微镜仔细查看了人脑瘤的细微结构，发现它们和周围的神经细胞接触的界面，长得非常像典型的神经突触。这种结构原本也应该只出现在神经细胞之间才对。

这两个反常识的发现让科学家们得出了类似的推论：不同来源的脑瘤细胞，不管是原本就生在大脑中的胶质细胞瘤，还是扩散、转移到大脑当中去的乳腺肿瘤，在生长的过程中，都会主动让自己融入大脑现成的三维信号网络当中。

紧接着科学家们又发现，这种神经细胞和脑瘤细胞之间的突触可不光是个花架子，这种连接对于脑瘤细胞的生存是非常关键的。当神经细胞开始活动的时候，它们释放的化学信号或者是电信号，都能够被脑瘤细胞敏锐地感受到，还可以在脑瘤内部反复传播和放大。这样一来，脑瘤就把自己变成了大脑当中异常活跃的"热点"区域，肿瘤细胞的各种功能都被充分动员起来，快速地生长、分裂、扩散和转移。

这当然也是一项可能催生出范式转移的科学发现。本来八竿子打不着的神经细胞和肿瘤细胞，不光形成了密切的连接，居然还成了生长繁殖的命运共同体。

不过，我还是要强调一下这项研究可能出现的问题。这三项同时发表的研究都是在小鼠模型上完成的，在多大程度上能够反映人脑里真实发生的肿瘤，还是需要打上一个问号的。科学家们当然没法在活人大脑里直接做科学实验，而通常作为实验模型的小鼠，在正常饲养条件下并不容易患癌症，更不要说特定的某一种癌症——比如脑瘤了。所以为了展开研究，科学家们往往需要利用各种人工方法诱导老鼠癌症的出现，甚至干脆把人肿瘤细胞接种到老鼠大脑里让它继续生长。可想而知，这样人工诱导出现的肿瘤，可能既不像老鼠体内自然发生的肿瘤，也不像人体自然发生的肿瘤。在过去这些年里，肿瘤生物学的发现经常被人们批评重复性太差，或者难以直接指导人类临床，主要就是这个原因。

这样一来，这三项研究当中所提示的全新机制，到底是不是适用于人类癌症，是不是能真的用来指导人类癌症的治疗，我们还需要小心地等待更多的进展。如果说得更具体一点的话，我觉得我们可以一分为二地看待这个新的发现。肿瘤细胞和神经细胞之间会形成类似神经突触一样的结构，这件事看起来很靠谱，因为不光在老鼠模型里看到了，在人的肿瘤样本里也看到了，但是这种突触结构到底有什么样的生物学功能，是不是真的如三项研究所说，起到了劫持神经信号、帮助肿瘤生长的作用，还需要更多的研究来证实。

如果这一切都是真的，那么逻辑上我们就可以想象，只要搞清楚脑瘤细胞是通过什么途径与神经细胞建立突触，又是通过什么途径借用神经细胞的信号促进自身的生长的，我们就可以反过来破坏这些途径，起到抑制肿瘤生长的目的。如果真的能够做到这一点，那对于饱受折磨的脑瘤患者来说，当然是革命性的重大福音。

22

味觉拼图终于完成[1, 2]

2019 年 9 月 19 日，两篇同时发表的学术论文宣称，人类终于确认了哺乳动物舌尖负责感受酸味的感受器，至此，所有五种基本味道——酸、甜、苦、咸、鲜的神经感受器全部被发现，人类科学家们苦苦追寻了 20 多年的味觉拼图终于完成。这两篇学术论文发表于国际学术期刊《细胞》和《当代生物学》，两个研究团队的领导者是两位美国科学家——哥伦比亚大学的查尔斯·祖克（Charles Zuker）和南加州大学的艾米丽·利曼（Emily Liman）。

我们先来看看这项研究的具体内容是什么。

简单来说，两个团队发现，在小鼠舌尖负责感知酸味的细胞里，有一种名叫 OTOP1 的蛋白质。正是这种蛋白质分子的存在，让小鼠的舌头能够灵敏地尝出酸味。如果通过遗传操作，

1　Zhang J et al, "Sour Sensing from the Tongue to the Brain," *Cell*, 2019.

2　Teng B et al, "Cellular and Neural Responses to Sour Stimuli Require the Proton Channel Otop1," *Curr Biol*, 2019.

人为破坏掉小鼠基因组里的 OTOP1，那么小鼠的舌头就再也无法感知柠檬和醋这样的酸东西了。

那这个 OTOP1 蛋白又是怎么感知酸味的呢？人们早已知道，所谓酸味，其实就是氢离子的"味道"。溶液里面氢离子多，溶液的酸碱度，也就是 pH 值就低，这样的溶液我们尝起来就会觉得"酸不唧唧"的。而这个 OTOP1 蛋白，其实就是一个氢离子感受器。它密布在小鼠舌尖负责感知酸味的细胞表面，当小鼠的舌头碰到酸水，高浓度的氢离子就会穿过 OTOP1 蛋白质中央的一个小孔进入味觉感受细胞，让这些细胞产生电信号。这种信号传入大脑，小鼠就会产生酸味的感觉。

当然酸味这种感觉可不光是来自舌头。你不妨做一个小实验，喝上那么一点点醋或者柠檬汁，细细体会一下嘴里的感觉。你肯定会发现，除了舌头上感觉酸酸的，整个口腔都会感觉到酸涩的刺激。没错，除了舌头，除了舌头上的 OTOP1 蛋白质，整个口腔里密密麻麻分布的痛觉神经细胞，也能通过其他途径感受酸味。换句话说，酸味除了是一种味道，还和针扎、火烧或者吃辣椒一样，是一种痛觉刺激。

为什么说这项研究非常重要呢？

我们得从味觉这种感觉的本质说起。我们知道动物往往具备各种各样的感觉系统用来精确地检测环境当中各种各样的信号。我们常说的五感——视觉、嗅觉、味觉、听觉、触觉，还有像温度感觉、痛觉、痒觉、对饥饿和口渴的感觉，等等，都是这样的感觉系统。这些感觉系统帮助我们理解我们身处的外部和内部环境，保证我们的安全，维持我们的生存和繁衍。

在这些感觉当中，嗅觉和味觉是两种重要的化学感觉。这两个系统负责检测的，是各种各样的化学物质。但是嗅觉和味觉却有非常重要的差别。我们的鼻子能够闻出的气味种类是天文数字，甚至有论文推测，人类的鼻子能分辨 1 万亿种气味！而味觉则不然，很久之前人们就知道，各种好吃或者难吃的东西说到底，也就是五种基本味觉的排列组合而已——酸、甜、苦、咸、鲜（辣是一种痛觉）。人和动物的舌头对于各种甜味、各种酸味的区分能力是很差的。这也是为什么我们今天可以用代糖替换蔗糖做零度可乐，可以用柠檬水代替醋来腌海鲜的原因。

换句话说，味觉系统的工作逻辑是高度模块化并且彼此独立的。搞定酸、甜、苦、咸、鲜这五种基本味道的检测机制，我们就大致理解了味觉的生物学机制。

为什么味觉系统会进化成这种形式呢？其实想想也不奇怪。味觉最大的作用，是作为人体的最后一道防线，确保我们吃下肚子的食物是有营养、没有毒的。甜味对应的是能量丰富的糖类分子，鲜味对应的是食肉动物寻找的蛋白质分子，这两种基本味道能够促进食欲。相对应的，苦味对应的是各种有毒的植物碱，酸味对应的是腐烂的食物和尚未成熟的水果，这两种基本味道能够阻止进食。咸味则略有些复杂，低浓度是促进食欲的，太咸则会让人反感。基于这种工作原理，味觉系统没有必要继续发展出细分各种甜味、各种苦味、各种酸味的能力，反正该吃的吃，不该吃的不要吃，这就对了。

在过去 20 多年里，人们陆续发现了舌头上的甜味、苦味、鲜味、咸味感受器。以我们讨论的这两项研究为标志，酸味感受器也被验明真身。因此，五种基本味道的味觉拼图彻底完工，人类对味觉的理解从此进入全新的阶段。

我还得强调一句，酸、甜、苦、咸、鲜这五种基本味道的神经感受器，几乎全部是同一个科学家领导下的工作，就是今天故事的主角之一——哥伦比亚大学的查尔斯·祖克。在 1967年和 1981 年，视觉系统的研究已经分别两次获得诺贝尔奖。2004 年，嗅觉系统的研究又一次获得诺贝尔奖。因此我可以冒昧地预测一下，随着味觉拼图的完工，查尔斯·祖克很有可能会在近期获得诺贝尔奖。

23 脂肪肝和肠道细菌[1]

　　2019 年 9 月 20 日，中国科学家在国际学术期刊《细胞代谢》上发表论文，为脂肪肝的发病提出了全新的生物学解释。他们发现在一位罕见的脂肪肝患者体内，有一种特殊的细菌——高产酒肺炎菌（HiAlc Kpn），可能是这位患者血液里充满酒精、患上严重脂肪肝的原因。他们进一步说明，这种高产酒肺炎菌广泛存在于脂肪肝患者群体内，可能是引发脂肪肝的一种不为人知的原因。

1　Yuan J et al, "Fatty Liver Disease Caused by High-Alcohol-Producing Klebsiella pneumoniae," *Cell Metab*, 2019.

24　基因测序，还原远古人类历史[1]

2019 年 10 月 10 日，一群德国科学家在《科学》杂志上发表论文，将基因测序与传统的古人类学研究相结合，第一次为我们还原了远古人类祖先鲜活的生活场景。

在传统上，人类学家们想要了解文字时代开始之前的人类历史和社会结构，只能通过考察发掘出来的墓葬、生活器具、饮食等信息间接推测。就拿咱们中国为例，4000~6000 年前，新石器时代晚期的大汶口文化和龙山文化遗址中，就已经发掘出了等级分明的墓葬。有的拥有大量的陪葬品，而大多数墓葬则只有孤零零的骨架。这就说明在那个时期，阶级分化和贫富差异已经非常普遍了。

但是，这毕竟只是研究者们根据静态的考古发掘做出的间接猜测。在远古时代，我们的祖先究竟如何生活，如何经营婚姻与家庭，如何抚养子女，又如何形成阶级、豢养仆役甚至是

---

[1] Mittnik A et al, "Kinship-based social inequality in Bronze Age Europe," *Science*, 2019

奴隶，这些动态的社会活动却很难从中复原。曾经人们以为，自人类诞生到文字发明，这中间几近 30 万年的历史沉浮，对今天的人类来说将是永远的秘密。伴随着基因测序技术的成熟，人类远古祖先的秘密可能会逐渐大白于天下。

在我们讨论的这项研究中，科学家们从德国南部的莱希河谷中，发掘出了一处 3300~4750 年前、从新石器时代晚期延续到青铜时代中期的人类遗址，并找到了大量的墓葬和遗骨。通过分析这些遗骨当中保留下来的 DNA 残片，科学家们成功复原了超过 100 位人类成员的身份，并且分析出了他们之间的亲戚关系。

这就为我们理解他们的社会结构和生活状态提供了可能。说几个非常有意思的发现吧：

科学家们发现，如果先辈墓葬的陪葬品很丰富，那么他们的后代往往也会拥有丰富的陪葬品，哪怕后代在很年幼的时候就死去了（陪葬品包括男性身边的匕首、弓箭，女性身边的贵金属装饰品）。这说明在那个时代,财富和社会地位显然已经具备了可继承性，可以从父母传递给子女。科学家们甚至发现，有些富贵家族的传承持续了四五代之久，这说明当时的阶层地位已经相当稳固了。

而在核心家族成员的墓葬周围，还出现了很多简陋的、没有随葬品的墓葬。墓葬的主人很可能和核心家族生活在一起，但 DNA 分析显示他们和核心家族成员毫无亲戚关系。显然，这些人应该是远道而来的仆役甚至是奴隶。这说明，当时的社会结构已经相当复杂，不同身份和地位的人会生活在同一个屋檐下。

最有趣的是，科学家们还发现，尽管有权势的家族往往拥有自己的家族墓地，家族成员会代代掩埋于此，但却有一个明显的例外——没有发现属于家族成员的成年女性遗骨。相对应的是，墓葬中出现的成年女性，在基因层面都和莱希河谷的大家族毫无关系，而同位素分析则显示她们的家乡至少在 350 千米之外。这个现象最直接的解释就是，在当时，部落之间的通婚已经非常普遍，对于这些位高权重的家族来说，男性会迎娶其他部落的女子为妻，而家族的女孩儿们则会相应的远嫁他乡。

这就是基因测序技术的威力。在传统的人类学考察方法之上，基因分析帮助建立了人和人之间的血缘关系，因此重构了史前文明的社会和家族结构。

根据这些研究，我们甚至已经可以想象人类祖先在三五千年前具体的生活状态了：

一个大家族世世代代开垦和守卫着他们的农庄，生于斯，也葬于斯。每一代当中，男性成员们从小要学会弯弓搭箭，腰携匕首，英勇作战，而他们的姐妹们则早早就会被安排好远嫁他乡，帮助巩固与邻近部族的亲密友谊。在大家族的生活里当然少不了仆人和奴隶，他们往往是通过掳掠或者贸易来到此处并埋骨于此。尽管在生前他们可能和主人们的生活方式没有太大区别，但是鲜明的社会等级仍然刻在血脉当中，并且在他们死后永久地体现在他们的墓葬中。

生命科学的先进技术，让静止的历史遗迹鲜活了起来。

25 峰回路转的阿尔茨海默症药物[1]

2019 年 10 月 22 日清晨，美国生物制药公司百健（Biogen）和日本生物制药公司卫材（Eisai）联合发出了一条药物开发的新动态。这条新闻在整个生物医学界引发了大地震，几乎所有的主流媒体都在第一时间跟进报道。而百健公司的股票在纳斯达克开盘前，就大幅上涨接近 40%。这可是个非常可怕的数字。要知道，百健不是一家名不见经传的初创小公司，它可是一家市值四五百亿美元，年销售额超过百亿美元的全世界前 20 大制药公司。到底是什么样的重磅新闻，能引发如此剧烈的市场反应呢？

这条新闻和阿尔茨海默症有关。两家公司宣布，在仔细分析人体临床研究的数据之后，它们两家联合开发的阿尔茨海默症药物阿杜卡马单抗（aducanumab），看起来确实能够明显降低阿尔茨海默症患者的病情恶化速度。在和美国药监局的官员会谈之后，两家公司决定在 2020 年初正式提交阿杜卡马单抗的

---

1 "Biogen plans regulatory filing for aducanumab in Alzheimer's disease based on new analysis of larger dataset from phase 3 studies," www.biogen.com, 2019

上市申请。

这条消息的到来，在情理之中，但是又绝对在意料之外。

所谓情理之中，是从结果上说的。阿尔茨海默症，这种俗称为老年痴呆的疾病，困扰着全世界超过 5000 万患者。到 21 世纪中叶，伴随着全球范围内的人口老龄化，阿尔茨海默症患者的总数很可能会突破 1.5 亿。而每一位患者背后，还有一个个心碎的家庭，和各个国家不堪重负的社会保障系统。

和其严重程度恰成鲜明对比的是，阿尔茨海默症可能是整个人类疾病领域里唯一一种仍然不存在任何有效治疗手段的重大流行疾病。目前市场上广泛使用的阿尔茨海默症药物，比如安理申和美金刚，它们的效果仅限于改善症状，并不能延缓疾病的发展，也不能治愈疾病。即便是这些"治标不治本"的药物，也已经和我们久违了。上一个阿尔茨海默症药物获批上市，已经是 2002 年的事情了！

所以你可以想象，这个领域任何一个哪怕是非常微小的突破都是极其珍贵的。它意味着资本市场上百亿美金的流动，意味着全新的产业机会甚至是整个产业的启动。当然，更意味着无数人的生命、尊严和希望。所以从这个角度说，如果百健和卫材的消息真实可靠，那么这一整天新闻界、医药界、资本市场的狂欢，都绝对是情理之中的事情。

那为什么又说意料之外呢？这就要说到阿杜卡马单抗这个药物本身了。实际上本书的读者可能还有印象，在前面章节（"闪烁光疗法：阿尔茨海默症的新曙光？"）里，我们就提到过百健这家公司，提到在 2019 年 3 月，这家公司的一种阿尔茨海默症药物宣布开发失败，当天公司股票就暴跌接近 28%，市值缩水 180 亿美元。

同一家公司，相隔半年，两款阿尔茨海默症药物。你肯定会好奇，上一款失败的药物，这一次成功的药物，它们有没有什么关系？

答案会让你惊掉下巴：它们何止是有关系，它们压根就是同一款药物——阿杜卡马单抗！

这就奇怪了。到底发生了什么惊天动地的大事，让一款半年前就凉透的药物居然咸鱼翻身了？答案是并没有发生什么。我来简单为你捋一捋时间线。

阿杜卡马单抗，是百健公司在 2007 年花了 3.8 亿美元从一家瑞士公司手里买过来的药物。这种药物的样子像一把叉子，很像我们人体的免疫系统生产出来的、能够精确识别和对抗入侵者的抗体蛋白质分子。阿杜卡马单抗这把叉子，能够精确地识别和结合人体当中产生的一个名叫 Aβ 的蛋白质聚合体。而 Aβ 这种蛋白质，在过去 30 年内是整个阿尔茨海默症研究的中心。人们普遍相信，人脑当中，这种异常蛋白的出现、聚合和沉淀，是阿尔茨海默症发病的罪魁祸首。因此清除了 Aβ 蛋白，应该就能治病救人。

阿杜卡马单抗的前半生，活得相当耀眼，2015 年，一项覆盖了 100 多位受试者的早期临床试验结束，证明阿杜卡马单抗不光能够有效清除患者大脑里的 Aβ 沉淀，还能显著降低阿尔茨海默症的恶化速度，保护患者的认知功能。因此在 2017 年，百健公司就和卫材公司一起，在全世界范围内开展了两项大规模的临床研究，计划在 18 个月的时间里，召集数千位患者，给他们用药，长期追踪疾病情况，来证明阿杜卡马单抗的安全性和药效，为此后的大规模上市做准备。

但是到了 2019 年 3 月，试验已经进展过半，两家公司坐在一起一合计，发现有问题了。根据手里已有的数据，两家公司推测，用了阿杜卡马单抗的人和没用的人，没出现任何肉眼可见的差别。就算再继续烧钱把试验完成，这个药基本上还是不可能有用的。为了及时止损，两家公司就宣布终止研究，承认失败——他们对这个失败有多笃定呢？他们甚至愿意承担股价跳水的巨大代价！

但是，在试验终止后，该做的数据分析还是得继续做啊，至少已经做完的这部分患者当中，也许还有点剩余价值可以挖掘。结果没想到，挖掘着挖掘着奇迹居然出现了。

两家公司发现，在试验中接受了较高药物剂量（10 毫克 / 千克，这个数字对你并不重要）的那群人，看起来居然是有作用的！

请注意，这个所谓的作用可不是说阿尔茨海默症被治好了或者被完全控制住了。严格地说，仅仅是疾病进展的速度被延缓了而已。打个比方，我们考虑有一位典型的阿尔茨海默症的患者，在 1 年半的时间里，记忆力从记住 200 个好友的姓名，恶化到只能记住 100 个。那么如果他用高剂量的阿杜卡马单抗，同样这段时间，他的记忆力将会从 200 个恶化成了 130 个——比什么都不做多了 30 个。当然了，话虽如此，在极端缺乏有效治疗手段的阿尔茨海默症市场，这样的药物也已经比黄金还珍贵了。

不过，先别急着高兴。你就不觉得奇怪，为什么 3 月份还急匆匆地宣布失败，怎么到了 10 月份，还是那些患者数据，居然就变成了伟大胜利了？这里头到底发生了什么戏剧性的变化？

这个问题目前我们无法回答，只有等 2020 年两家公司把更详细的数据提交 FDA 审查，我们才有机会了解更多的细节和内幕。但即便是仅仅看百健公司公开的数据，就已经有更多的问题值得思考了。

我们前面说过，两家公司在 2017 年开启了两项大规模临床研究。这两项研究的设计是完全一模一样的，仅仅是在不同的医院开展、招募了不同的患者而已。但是现在百健公司说，这两项研究，一项（EMERGE）当中，高剂量用药的结果是很好的。而另一项（ENGAGE）当中，用了药，患者不仅没好，认知功能反而还有轻微的恶化！对此百健的解释是，因为在临床试验的过程中他们修改过一次试验方案，导致其中一项研究里汇集了更多的高剂量用药的患者，所以才导致了差别。可问题是，就算你接受这个本身就很牵强的解释，那也意味着阿杜卡马单抗是一个非常难以驾驭的药物——必须用足够的量才有效，用的稍微少一点可能就完全没用甚至还有害！这样的药物怎么才能放心地进入市场呢？

另外，我们知道，为了避免心理暗示对于药效的干扰，大规模临床试验往往需要设计成双盲随机对照试验。患者被随机分成两组，分别使用阿杜卡马单抗和安慰剂，但是不管是给药的医生还是用药的患者，都不知道谁到底用的是什么。直到试验结束才会揭晓答案并进行数据对比。用了阿杜卡马单抗的患者，比用安慰剂的患者有明显的改善，这个药才能说真的有效。根据这个简单的指导思想，我们去看百健公司公布的数据，就会发现一个特别有趣的现象。

两项临床试验当中，用了阿杜卡马单抗的患者，在 18 个月的观察期中，他们的疾病恶化情况是很相似的（打个比方，记忆力都从 200 个名字退化成了 130 个）。相反，没用真药、只用了安慰剂的那部分患者，在两项研究当中却体现出了巨大的差别。在第一项研究中疾病恶化的速度要快得多！换句话说，我们之所以看到在第一项研究中，药物起了作用，不是因为药物让患者变好了，而是因为不用药物患者会变得特别糟糕！

这就有点让人匪夷所思了。按照常理来说，两项研究同步开展，随机选取患者，那么用了安慰剂的患者，既然等于没有接受任何治疗，疾病的恶化情况应该类似才对。而用了真药的那部分患者，才可能因为比如说试验方案改动的原因出现差别。现在这样的结果，我反正是难以理解到底发生了什么。

所以，在哀鸿遍野的阿尔茨海默症市场，一种可能的新药震撼登场，吸引所有人的关注，这当然在情理之中。但是同一个药物相隔半年从地狱到天堂，唯一的原因又是这么一份让人充满困惑的数据，又确实让人觉得意料之外。

那接下来会发生什么呢?

我简单地做点预测吧。既然两家公司是在和监管机构商谈之后才做出的申请上市的决定,可想而知至少美国药监局并没有直接枪毙掉这个药物。但是与此同时,我们也决不能把这个当成是美国药监局绿灯放行的信号。阿杜卡马单抗将要面对的,是更加严苛的专业审查。我们都能看到的逻辑问题,专家们当然更能看得到。

那它到底能不能上市呢?

如果单从逻辑上推演,至少我们可以说阿杜卡马单抗的人体研究数据是充满漏洞的。但是医学可不是个纯粹逻辑的学问,它无可避免地需要和人类的情绪、利益纠缠在一起。要知道,阿尔茨海默症毕竟是一种无药可医的世界级绝症。只要还有那么点希望,只要还有那么点作用,我们都会从情感上、从患者利益上、从产业发展上考虑,给阿杜卡马单抗一个机会。

所以我猜测,FDA的做法很可能是下面两种:要么,允许阿杜卡马单抗有条件的上市,但需要两家公司在指定时间内补充更多患者的数据来支持其药效,否则就撤回上市的批准。要么呢,先暂时拒绝其上市申请,但是接受那个确实体现出药效的临床研究的结果,让两家公司赶紧再去补充开展一个新的临床研究，两份数据比一比，看结果再说。

现代医药开发的困难和复杂性，在阿杜卡马单抗，在所有已经失败了的阿尔茨海默症药物上，体现得淋漓尽致。这是一种我们至今都还没有完全搞清楚发病原因的疾病，但是面对上千万痛苦的患者，我们又不可能完全停下脚步，坐等研究尘埃落定再去做药物开发。因此在过去二三十年的时间里，人类将超过 200 个阿尔茨海默症药物匆忙地送进人体进行临床研究，但是它们又无一例外地败下阵来。其中一些药物曾经被人们寄予厚望：它们曾经在小规模的临床研究中大放光彩，但是一旦被用到更大规模的、更复杂的患者群体当中检验，又一个个莫名其妙地败下阵来。

伴随着这些失败，有更多的基础生物学的难题浮出水面。这种疾病真的和那个叫作 Aβ 的异常蛋白质有关系吗？它会不会是由别的异常蛋白质引起的？它会不会甚至是一种传染病？它会不会和我们肠道里的细菌有关系？所有这些，都是近年来人们陆续提出的阿尔茨海默症新解释、新模型。这些模型到底谁是谁非，今天我们很难看得透彻。但是这许许多多新模型的出现，本身就说明阿尔茨海默症的研究进入了一个百花齐放，或者说群魔乱舞的范式转移时代。这种疾病的真容和最终的解决方案，很可能还隐藏在重重迷雾当中。

而阿杜卡马单抗的新动向，也许仅仅是又一场一地鸡毛的闹剧，但它也许能为我们争取更多的时间，也许能为我们稍稍指明前进的方向。

　　让我们拭目以待。

26

免疫失调影响情绪[1]

　　2019 年 10 月 31 日，浙江大学靳津教授实验室在《细胞》杂志上发表论文，发现了一个非常新颖和惊人的生物学现象：免疫失调会影响动物的情绪。

　　说得更具体一点，和人一样，小老鼠在长期的压力环境中生活，会表现出强烈的焦虑情绪和焦虑行为，这一点人们早就知道，也有大量的研究在试图解释其中的道理。而靳津教授的最新研究说明，问题可能并不在动物的大脑里，至少不只是在动物的大脑里。在重压之下，动物的免疫系统出现了功能失调。本来负责帮助免疫系统识别入侵病原体、快速启动杀伤程序的免疫细胞，开始释放一种叫作黄嘌呤的化学物质。这种物质进入大脑后，可以刺激专门负责处理危险和恐惧的大脑杏仁核，产生焦虑情绪。

　　这个发现仔细想想还是很颠覆三观的。你肯定能够想象，

1　Fan K et al, "Stress-induced metabolic disorder in peripheral CD4+ T cells leads to anxiety-like behavior," *Cell*, 2019.

长期处于压力环境之下，人体的免疫功能和情绪控制能力都会出现问题——真要是不信，你坚持一阵子"996"大概就有体会了。但是免疫失调和情绪失调之间有没有因果关系、有什么样的因果关系，就不那么容易说得清楚了。人们传统上认为，应该是压力导致情绪失调，然后情绪失调会接着导致免疫功能下降。这个理论至少从逻辑上是很符合直觉的：感知压力当然是大脑的事情，而大脑出了问题以后通过分泌激素、通过遍布全身的神经网络，再进一步影响人体各种功能，这也很说得通。实际上，也有很多研究支持这个符合直觉的理论。

但是这项新研究所展示的因果关系是彻底颠倒过来的。靳津实验室证明，在压力之下，反倒是免疫系统的失调影响了情绪。他们发现，那些天生就没有免疫系统的老鼠，对压力的反应要迟钝得多。用捆绑、用电击，又或者在笼子里总是被同类欺负，这些足以让普通老鼠焦虑的环境刺激，对没有免疫系统的老鼠都不怎么管用。还有，如果用药物人为地抑制免疫细胞的活动，也能起到类似隔绝压力的效果。反过来，如果从那些焦虑的小鼠体内提取免疫细胞，转移到没体验过压力的老鼠体内，这些老鼠也会开始出现焦虑情绪。这些结果说明，在因果链条上，免疫系统的变化，还在情绪的变化之前，免疫失调是因，情绪变化是果。

那免疫系统在动物感知压力的过程中到底是怎么起作用的

呢？研究者们也提出了很有说服力的解释。他们认为，压力之下，免疫细胞会出现一系列的功能障碍。细胞内一个名叫线粒体的细胞机器会变得更加碎片化，细胞的新陈代谢也会受到影响。在那之后，这些自乱阵脚的免疫细胞会向血液中释放一种名叫黄嘌呤的化学物质，这种物质进入大脑，刺激了杏仁核，小鼠就会表现出一系列代表焦虑情绪的行为，比如说散步的时候喜欢贴着墙壁走、不太敢到空旷地带，再比如说比较害怕接近悬空容易坠落的空间，等等。

当然了，生物体是个非常复杂的系统，很难说这个理论是不是能完全解释动物在压力之下的反应。特别值得一说的是，如果说压力之下的免疫细胞引发了情绪失调，那免疫细胞自身又是如何感受到压力的呢？它们没有长眼睛鼻子耳朵，当然没法直接感受到小鼠所处的生活环境。所以是不是有可能免疫细胞其实还是从神经系统、从大脑那里感受到压力呢？如果是这样的话，那免疫系统和大脑之间就形成了互为因果的循环关系：大脑感受到压力，因此影响了免疫细胞；免疫细胞感受到了压力，再反过来影响了大脑的情绪输出。在这个过程中，免疫系统可能起到了信号放大器的作用。它的存在，让动物对压力的反应更敏感、更剧烈了。

但是无论如何，这个新发现都足够让我们反思一下，关于人体，关于疾病，很多固有的传统认知是不是正确的。比如说，是不是所有直觉上和大脑功能相关的东西，比如情绪输出，比如学习记忆，比如各种脑疾病，都必须是大脑自身出了问题直接导致的？有没有可能，反而是其他器官和组织的变化诱导了大脑出现问题呢？就这个问题而言，同样在这个月，《自然》杂志也有一篇论文从另一个角度给出了一点提示[2]。这篇论文的作者们发现了一个同样很反常识的现象，他们发现小鼠对恐惧的记忆居然和肚子里的肠道菌群有关系。如果用抗生素杀掉肠道细菌，那么小老鼠的记忆力——至少是某些特定场合下的记忆力——就会变得更差。按照这个逻辑，我们甚至可以说，小老鼠的记忆居然有一部分是存储在它们的肠道细菌那里的！当然了，我必须得强调一下，这篇论文的研究质量我当真不敢恭维。它最大的问题，我一说，你就能明白：吃了抗生素之后记忆力变差，是不是就说明肠道菌群存储了记忆呢？这么说其实有点问题，因为抗生素可能有各种各样的副作用，影响了大脑功能让记忆衰退也不是不可能，对吧？

当然这是题外话了，我们还是回到免疫和情绪这项研究上来。靳津教授这项研究其实提示了一个很重要的疾病治疗方向：传统上我们对抗情绪情感疾病，比如抑郁和焦虑症，主要的着眼点都是大脑本身。我们试图用药物改变大脑当中神经信号的强度，调节大脑功能，改善情绪。但是既然免疫细胞在情

---

2 Chu C et al,"The microbiota regulate neuronal function and fear extinction learning," *Nature*, 2019.

绪调节中起到了重要的作用，那么也许通过影响免疫系统，也能同样起到治疗抑郁症和焦虑症的效果。特别是既然免疫细胞分泌的黄嘌呤这种化学物质会引起情绪失调，那么找到一个方法让它少分泌一点，或者少进入大脑，是不是就可以治疗精神疾病了呢？要知道，人脑是一个被严密保护和隔绝起来的人体器官。开发一种在人体血液系统里发挥作用的药物，要比发明一种能够进入大脑发挥作用的药物要容易得多。因此，也许这项研究，还会带来一场精神疾病药物开发的革命呢。

后记

在这本书将要收尾的时候，人类世界也即将告别公元2019年。再过些天，世界各地的广场和公园里，将会挤满兴奋的人群，在漫天的烟花和震耳的倒计时声中，迎来新的一年。许多人的书桌上，一本台历从厚变薄再周而复始。许多人的生活中，黎明黄昏春夏秋冬循环往复。而人类的科技却像射出的箭头，义无反顾，永远向前。

就像我在这本书开头和你所说的，这本《巡山报告》里，我在为你梳理过去的一年里，那些可能会影响整个人类世界的生命科学重大事件。我挑选了八个重要的节点事件，和你一起深入探究。前四个故事关于疾病，后面三个故事关于人类大脑，而最后一个故事，则是关于生命科学领域的公共政策。

这些故事里，有胆大妄为的小丑创造和涂抹着历史，也有默默无闻的英雄在守卫人类科学和良知的底线。在这些故事里，有古老而棘手的疾病获得了全新的科学理解，也有误打误撞地发现引导医学的改变。在这些故事里，有科学和医学，但是也同样有商业、法律和道德。

在这些故事里，有些难题终于得到了回答，也有更多的问题在等待下一次、再下一次的求索。

我尽力把这些故事放置在更广阔的背景下和你一同探讨，因为所有这些节点事件都并非凭空而来。在漫长的积累之后，有些发现像水到渠成；在漫长的挣扎之下，有些改变如地裂山崩。

希望这些故事，能让你明白，在如今，人类生命科学的探索已经到达何处，又将走向何方。但是我必须提醒你，在这本书里，历史只是刚刚展开她的诉说。今天我们所听到的一切，都会在未来反复回响，始终伴随着人类走向未知的旅程。

所以我最大的期待，是这本书在未来能被你反复拿起。在一年后，五年后，十年后，甚至是百年后，我总希望会有人仍然拿起它，看看这正在展开的历史，在未来到底激起了什么样的回响。

一定会有一些让今天的我们激动万分的发现，很快沉寂无声，消失在历史当中；一定会有一些让今天的我们绝望的难题，在不久的将来，用一种不经意的方式轻松化解；也一定会有很多让今天的我们心怀憧憬的微弱的火苗，真正照亮了在未来等待的我们自己。

希望未来的你能看到。而我，会一直在这里等你。

致谢

这本书能够顺利和你见面，首先要感谢三位朋友：罗振宇、脱不花、宣宣（宣明栋）。那天餐桌上的一次闲谈，直接催生了这个长期追踪生命科学最新进展和重要节点性事件的项目。罗胖那天说的一句话至今让我仍然印象深刻：在这个热闹浮躁的时代，认认真真做一件事，而且长期做下去，价值就会自然浮现。也记得宣宣的一句"大王叫我来巡山"，直接敲定了这个大工程的名字。

也非常感谢邵恒、老耿（耿利杰）、Emma（张宫砥擎）、恰恰（代娇）、马想，你们的努力让更多的人看到了、听到了我的巡山报告。

在本书成文的过程中，我经常从许多位科学界、传媒界、产业界朋友那里获得重要的信息和洞见：饶毅、刘海坤、胡霁、沈伟、李浩洪、刘翟、袁静、陈晨、薛天、李治中、仇子龙、王晓群、董一言、胡海岚、赵剑飞、陈晓科、陈小伟、丁广进、李英睿、邓宏魁、欧阳智、卢蓓、陈椰林、张珞颖、李晓明、谭博文、王皓毅、李太生、鲁伯埙。在这里要对他们表示感谢。

感谢湖南科学技术出版社的李蓓编辑。她在第一时间就表达了对《巡山报告》的喜爱，也始终尊重我对这个长期项目的规划和定位。希望我们可以长期合作。

感谢我亲爱的家人:我的妻子沈玥,两个女儿洛薇和洛菲,我的爸爸妈妈。也要特别感谢引导我走上写作道路的启蒙老师,洛阳市实验中学的姚玉淑女士。你们跨越时间的始终支持和理解,让我能够开始这项试图战胜时间的实验。

当然,最后更要感谢正在阅读本书的你。就像我在本书开头所说,未来在我们这一代人的手中,在我们这一代人的眼里。欢迎你和我一同踏上这趟穿过历史、走向未来的旅程。如果你有任何发现和想法希望分享,这里是我的联系方式:微博账号——王王王立铭;电子邮箱——lmwang83@vip.163.com。

未来三十年,我们不见不散。

图书在版编目（CIP）数据

基因编辑婴儿：小丑与历史 / 王立铭著 . —长沙：湖南科学技术出版社，
2020.1（巡山报告）
ISBN 978-7-5710-0402-6

Ⅰ . ①基… Ⅱ . ①王… Ⅲ . ①生命科学－普及读物 Ⅳ . ① Q1-0

中国版本图书馆 CIP 数据核字（2019）第 256860 号

JIYIN BIANJI YINGER:XIAOCHOU YU LISHI
基因编辑婴儿：小丑与历史

著者
王立铭

责任编辑
李蓓　孙桂均　吴炜　杨波

装帧设计
邵年

出版发行
湖南科学技术出版社

社址
长沙市湘雅路 276 号
www.hnstp.com

湖南科学技术出版社
天猫旗舰店网址：
http://hnkjcbs.tmall.com

邮购联系
本社直销科 0731-84375808

印刷
长沙超峰印刷有限公司
（印装质量问题请直接与本厂联系）

厂址
宁乡市金州新区泉州北路100号

版次
2020 年 1 月第 1 版

印次
2020 年 4 月第 2 次印刷

开本
850mm×1168mm　1/32

印张
9

字数
180000

书号
ISBN 978-7-5710-0402-6

定价
48.00 元